人类的重大发明发现

沙金泰　刘洪军　编著

吉林人民出版社

图书在版编目(CIP)数据

人类的重大发明发现 / 沙金泰, 刘洪军编著. -- 长春 : 吉林人民出版社, 2012.4

(青少年常识读本. 第1辑)

ISBN 978-7-206-08796-7

Ⅰ.①人… Ⅱ.①沙… ②刘… Ⅲ.①创造发明 – 世界 – 青年读物 ②创造发明 – 世界 – 少年读物 Ⅳ.①N19–49

中国版本图书馆CIP数据核字(2012)第068487号

人类的重大发明发现

RENLEI DE ZHONGDA FAMING FAXIAN

编　　著:沙金泰　刘洪军

责任编辑:刘子莹　　　　　　　　　封面设计:七　洱

吉林人民出版社出版 发行(长春市人民大街7548号　邮政编码:130022)

印　刷:北京市一鑫印务有限公司

开　本:670mm×950mm　　1/16

印　张:13　　　　　　　　　字　　数:190千字

标准书号:ISBN 978-7-206-08796-7

版　次:2012年7月第1版　　　印　次:2023年6月第3次印刷

定　价:45.00元

如发现印装质量问题,影响阅读,请与出版社联系调换。

发明篇

发现篇

目 录
CONTENT

4

发明篇

伟大的钻木取火

火，是一种燃烧现象，从远古时代开始，一直被人类所使用。那么，钻木取火是怎样被发明，人类又是怎样认识、使用火的呢？

远古时代，自然火对生态环境的变化有着十分重要的影响。一场大火过后，无数生命被吞食，幸存下来的人类只得从灰烬中寻找可以充饥的东西。原始人在从灰烬里寻找食物的过程中发现，火虽然是可怕的，但靠近它时可以取暖。这一意识的发生可以说是人与动物区别开来的一个重大分界线，正是意识到火可以取暖，人类才产生了保存火种的意识。原始人开始将自然火种带回洞穴中，专门有人负责看管火种，向火堆中添加燃料。这样，就可以使火种存下来，人类对火的认识和利用也就此开始了。

1965年，地质工作者在云南省北部元谋县，发现了这种猿人的化石和他们使用的大量炭屑。这些考古发现，证实了大约170万年前的中国元谋猿人，已经开始使用火。另一证据说明，大约在50万年前的北京猿人已经具有保存火种和使用火的能力。

近些年来，出土了5600年前人类贮存火种的火种器，这些文物证实了远古人类保存火种的方法。该器物的特征具有贮存火种的功能，口部较小，便于放置火种后聚火、排烟；腹部有对称双孔，便于器内充入流通的氧气以助火种缓慢燃烧；底部不平且有一孔，既可以排灰，又可以让少量空气充入器内，促进空气循环，保证了火种在器内缓慢、持续燃烧。

经过研究，考古人员对火种器的用法有了初步了解。专家推测，火种器的使用方法是这样的：把火炭投置于器内并在其上覆盖黑炭，适度封闭口部并置其于空气流通处，这样木炭在器内缓慢燃烧。采用火种时，打开口部并借助吹火具吹火，火便燃烧起来。使用后，晃动火种器，排除炭灰并续上黑炭。这样，火种器便如同如今的火炉一样，可以长久贮存火种。

后来，大约是从旧石器时代中期，有的人在打制石器的时候，石头相互撞击时经常会发出火花。一次、两次、千百次，也没有引起人们的注意。偶然，有人用黄铁矿或赤铁矿打击燧石，迸出的火花溅落在干燥的树叶堆上竟点燃了它。人们受到了启发，找来同样的石块，一次又一次地试验，终于学会了用撞击法取火。到了旧石器时代的末期，人们又发现了摩擦取火，也就是钻木取火。人们逐步发明了不依赖自然取火的方法，这就使火的使用更加方便和广泛了。

自从人类认识火，并能使用火，就极大地促进了人类生活条件的改善，更快地促进了人类的进化。

有了火，人们从此可以食用熟食，这样十分有利于食物的消化；有了火，人们可以用火取暖，这些因素对于原始人类的健康十分有利，大大改善了原始人类的生存条件。

由于人类终于掌握了驾御火的方法，进而才能烧制陶器、冶炼金属，并且，正是由于火的利用，人类才开始获得越来越多的化学知识。钻木取火的发明结束了人类茹毛饮血的时代，开创了人类文明的新纪元。

自由的阿拉伯数字

在生活、生产、科学研究中我们都离不开阿拉伯数字，阿拉伯数字已经成为国际通用的数字符号。可是，这种数字并不起源于阿拉伯，而是古代印度人发明的，但却是经阿拉伯人传向四方的，这就是它们后来被称为阿拉伯数字的原因。

古时候，在希腊、中国、印度等文明古国，表示数字的方法均不一样。比如，希腊用罗马数字，而罗马数字符号一共只有7个：I（代表1）、V（代表5）、X（代表10）、L（代表50）、C（代表100）、D（代表500）、M（代表1,000）。这7个符号位置上不论怎样变化，它所代表的数字都是不变的。在表示数字的时候还有一些规则，这样既难写又难认。比如要写4，就得先写一个1（I），再写一个5（V），这两个数字并排在一起就是4（IV）。

中国最早的数字表示是用甲骨文，更是难解难辨，因此也没有流传下来，后来人们用筹码计数。

公元500年前后，随着经济、文化以及佛教的兴起和发展，印度次大陆西北部的旁遮普地区的数学一直处于领先地位。天文学家阿叶彼海特在简化数字方面有了新的突破，他把数字记在一个个格子里，如果第一格里有一个符号，比如是一个代表1的圆点，那么第二格里的同样圆点就表示10，而第三格里的圆点就代表100。这样，不仅是数字符号本身，它们所在的位置次序也同样拥有了重要意义。出现了数字记数法以后，印度的学者又引出了作为零的符号，出现了十进制计数法。可以这么说，这些符号和表示方法是今天阿拉伯数字的雏形了。

大约在公元750年左右，有一位印度的天文学家拜访了巴格达王宫，把他随身带来的印度制作的天文表献给了当时的国王。印度数字1、2、3、4……以及印度式的计算方法，也就在这个时候被介绍给了阿拉伯人。由于印度数字和印度计数法既简单又方便，其优点远远超过了其他的计算法，阿拉伯的学者们很愿意学习这些先进知识，并且将它逐渐传播到欧洲各个国家。在漫长的传播过程中，印度创造的数字就被称为"阿拉伯数字"了。

13世纪，意大利数学家斐波那契写出了《算盘书》，在这本书里，他对阿拉伯数字做了详细的介绍。后来，这些数字又从阿拉伯地区传到了欧洲，欧洲人只知道这些数字是从阿拉伯地区传入的，所以便把这些数字叫做阿拉伯数字。以后，这些数字又从欧洲传到世界各国。

大约在13—14世纪，阿拉伯数字传入我国。但是，由于当时我国有一种数字叫"筹码"，使用起来比较方便，所以阿拉伯数字在当时没有得到及时的推广运用。直到20世纪初，随着我国对外国数学成就的吸收和引进，阿拉伯数字才在我国开始使用。

后来，人们虽然弄清了"阿拉伯数字"的来龙去脉，但由于大家早已习惯了"阿拉伯数字"这一叫法，所以也就沿用下来了，并且成为了国际通用数字。

火药的力量

火药、造纸术、印刷术和指南针并称为我国古代科技的四大发明。许多史籍表明，最早的火药，是在公元9世纪后半期唐末宋初问世的。

火药的发明是我国文化史上的伟大发明之一。它的起源和炼丹术、本草学有着密切的关系。把这种混合物叫做药，也揭示了它和祖国医学的渊源关系。

当时发明的火药，现在称黑色火药，是硝石、硫黄和木炭三种粉末的混合物。硝石的化学成分主要是硝酸钾，硝酸钾是氧化剂，加热时释放氧气。而硫和炭容易被氧化，所以把硫黄、木炭、硝石混合在一起燃烧，就会发生迅猛的氧化还原反应，在反应中放出高热和产生大量气体。如果混合物是包裹在纸、布或充塞在陶罐、石孔里，燃烧时由于体积突然膨胀，就会发生爆炸，这就是黑色火药燃烧爆炸的原理。

火药是我国古代的炼丹家发明的。在炼丹过程中，他们很注重硫黄，因为硫黄是能够制服金属的奇异物质，它可以和水银化合生成硫化汞，还可以和铜铁等金属化合。硫黄性质活泼，容易着火。为了控制硫黄，炼丹家把硫黄和其它物质一起加热形成化合物，来改变它容易着火的性质，这种方法称为"伏火法"。在进行硫黄"伏火"的种种实验中发现，当硫黄、木炭和硝石一起加热时，极易发生激烈的燃烧。由于硫黄和硝石在我国古医书上被列为治病的药物，所以把它们和木炭的混合物称为"火药"，意思是会着火的药。

唐初，医学家兼炼丹家孙思邈的"丹经内伏硫黄法"，从中可知当时已经掌握了由硝石、硫黄、木炭混合在一起的火药的初步配方。最早完整刊载火药配方和制造工艺的，是北宋官修御定的《武经总要》。《武经总要》成书于公元1044年，在该书的第11、12卷中，记载了制毒药烟球、蒺藜火球和引火球（也叫"火炮"）3种火药的配方。其中的主要成分是硝、硫、炭，而且硝的比重大大增加。唐代火药硫、硝含量相同，为1：1，而在这3个配方中已增加到1：2，甚至近乎1：3，已与后世黑火药中硝占3/4的配方相接近。同时，又加进各种少量辅助性配料，分别起燃烧、爆炸、放毒和制造烟幕等作用，可见当时的火药配方已经相当复杂。

火药在军事上、生产中有着极其重要的作用。公元13世纪初期和中期，火药传到阿拉伯国家；13世纪后期，欧洲知识分子才从阿拉伯书籍中得到有关火药的知识；14世纪早期，欧洲才开始制造火药武器。

神农氏的贡献

传说中的上古帝王神农氏，因以火得王，故称为炎帝。继女娲后为天下共主，传说是农耕和医药的发明者，又创造五弦瑟，开始蜡祭和市场，自他以后中国进入农耕社会。

传说中的炎帝为远古时期部落首领，与黄帝同为中华民族始祖。黄帝和炎帝都生活在距今4000多年前的中国原始社会后期。当时，黄帝部落和炎帝部落都居住在现在陕西省境内的黄河边上。后来，又先后沿黄河两岸向东部迁移。关于炎帝的传说在宝鸡民间和官方流传，经久不衰。宝鸡市区和南郊常羊山建有炎帝祠、炎帝陵，海内外炎黄子孙每年清明节和农历七月初七在此举行盛大祭祀纪念活动。

炎帝部落初期从事采集、渔猎，因"发明"农业，开始了半定居的农业迁徙生活。迁徙路线是沿渭水东下，到达河南、湖北一带。炎帝部落对中国农业的发展有巨大的贡献。炎帝"遍尝百草"，发现了可食用植物并培育成农作物；发明了生产工具，取代刀耕火种；开创了农业文明史。同时，炎帝改善饮食结构，了解植物的治疗作用，开创了中国医药史的先河。

相传，上古时候，没有农业，人们靠打猎、捕鱼、采摘野果为生，过着原始游牧生活，经常挨饿、受冻、遇险。炎帝看到部族这种苦境，心里极为不安，日思夜想，希望大家过上丰衣足食的安稳日子。他想，要是有一种草结出又多又能吃的果子就好了。他不辞辛苦，冒着生命危险，走遍了名山大河，尝尽了无数千奇的果子，有一次误吃了毒果差点送了命。炎帝仍不灰心，终于在南方一个山清水秀的地方，找到了他心目中能结出很多果子又能吃的草，这就是禾苗。经过试种，第一年就收了满满一担黄澄澄、又脆又香的果实，第二年，收获了几十担。从这以后，一传十，十传百，天南地北，种谷的人越来越多。为了减轻人们耕作的劳苦，炎帝又教会人们耕作技术。

为了促使人们有规律地生活，按季节栽培农作物，炎帝神农还立历日、立星辰，分昼夜，定日月，将月分为三十日，立十一月为冬至。

炎帝种谷给人类带来了光明和希望，为了纪念他的功绩，人们把炎帝敬为神农。明崇祯十二年，把炎帝寻禾种禾的地方取名为"嘉禾"，即今湖南省郴州市嘉禾县。

炎帝神农氏对人类的发展做出了巨大的贡献。炎帝精神，首要的是创造精神，奉献精神，敢为人先的创造精神，百折不挠、自强不息的进取精神。炎帝精神使中华民族在与自然和社会的斗争中，摆脱愚昧和野蛮，追求先进与文明。这种精神使华夏民族获得了高度的团结和统一。

融合九州的陶瓷

人类学会用粘土烧结制成容器，是人类使用材料发展史上的第一次重大突破，是人类又一个划时代的发明。

陶器是将泥巴（粘土）成形晾干后，用火烧出来的，是泥与火的结晶。我们的祖先对粘土的认识由来已久，早在原始社会的生活中，祖先们是处处离不开粘土，他们发现被水浸湿后的粘土有粘性和可塑性，晒干后变得坚硬。中国对于火的利用和认识的历史是非常久远的，大约在公元前205万—前70万年前的元谋人时代，就开始使用火了。先民们在漫长的原始生活中，发现晒干的泥巴被火烧之后，变得更加结实、坚硬，而且可以防水，于是陶器随之产生了。

最早的陶器是在竹编、木制容器上涂敷烂泥而烧成的。后来才发明把粘土直接加工成形、烧制，也能达到同样的目的。

大约在公元前8000—前6000年，新石器时代早期，中国开始制作陶器。公元前4000年左右，古巴比伦的城市已采用砖来筑城。

随着金属冶炼技术的发展，在公元元年左右，人类掌握了通过鼓风提高燃烧温度的技术，发现一些高温烧制的陶器，由于局部熔化而变得更加坚硬，完全弥补了陶器多孔与透水的缺点，进而烧制成陶器。这是陶器发展过程的重大飞跃，从此形成了陶器时代。中国的瓷器大约始于魏、晋、南北朝时期，至宋、元时发展到很高的水平。瓷器作为中华文明的象征，大量销往欧亚各地。

陶器的发明是人类文明的重要进程，是人类第一次利用天然物，按照自己的意志创造出来的一种崭新的事物。从河北省阳原县泥河湾地区发现的旧石器时代晚期的陶片来看，中国陶器的产生距今已有11700多年的历史。

陶器的发明，揭开了人类利用自然、改造自然、与自然抗争的新篇章，具有重大的历史意义，是人类生产发展史上的一个里程碑。

从目前所知的考古材料来看，陶器中的精品有旧石器时代晚期距今1万多年的灰陶、有8000多年前的磁山文化的红陶、有7000多年前仰韶文化的彩陶、有6000多年前大汶口的"蛋壳黑陶"、有4000多年前商代的白陶、有3000多年前西周的硬陶，还有秦代的兵马俑、汉代的釉陶、唐代的唐三彩等。瓷器是中国古代的一项伟大发明，在漫长的历史岁月中，勤劳智慧的中国先民们点土成金，写下光辉灿烂的篇章，为人类文明做出了巨大的贡献。享有盛誉的中华古瓷，已成为世界各大博物馆里的明珠，并将越来越广泛地成为中国和世界各地的专家学者们的研究对象，并受到广大收藏家和陶瓷爱好者的垂爱。

纵观中国几千年的古陶瓷发展史，它虽然是以衰退而告终，却给后人留下了这份珍贵而又丰富的遗产，将永远放射出灿烂的光辉。

记录华夏的文字

汉字是中华文明中不可缺少的一部分，它不但承载了我们几千年的历史，也是从古至今人们进行沟通的重要手段。由汉字衍生出来的书法艺术，更是中华文明的瑰宝。但是，汉字是怎么造出来的？

先秦时期认为，造字者为仓颉。《荀子·解蔽》记载："好书者众矣，而仓颉独传者壹也。"《吕氏春秋》记载："奚仲作车，仓颉作书"。相传，仓颉是黄帝的史官，是古代整理文字的一个代表人。《说文解字》也记载，仓颉是黄帝时期造字的史官，被尊为"造字圣人"。有关专家认为，仓颉应是颛顼部族人。他"生于斯，葬于斯"，故造书台北有仓颉陵墓。他所处的年代约为公元前26世纪。据此推测，4000—5000年前，我国的文字就比较成熟了。

我国的汉字是世界上最早的文字之一，我们的祖先在新石器时代就已经创造了汉字。汉字至今已有6000年左右的历史，这是1972年对西安半坡村遗址进行科学测定所得出的结论。半坡村遗址发现的类似文字的刻划符号，与彩陶的花纹根本不同。这些刻划的记号，都是单个的独立体，有类似笔画的结构，具备了汉字的雏型，因此断定这就是中国文字的起源。在此基础上，经2000年后，逐渐发展成为甲骨文。

考古发现证明，中国先民早在7000—8000年前，就在龟甲上刻划符号了。在5000—6000年前的仰韶文化、大汶口文化中发现了在陶器上刻划的符号有数十种之多，其中有些与甲骨上所见的字类似，因而有人认为它们就是早期文字。至于在龙山文化早期的陶罐上发现的朱书可以肯定是文字，充分表明了中国的汉字至少已有4000余年的历史。文字的出现是人们在长期的社会生活中不断积累、不断总结的结果，所以仓颉很可能是总结整理文字、为汉字的形成做出了贡献的一位代表人物。

汉字的形体演变，大体上有5个主要阶段：

1.甲骨文，即殷商时代刻在龟甲和兽骨上的文字。

2.金文，是指铸刻在铜器上的文字。

3.篆书，又称"官书"，分大、小二种。

4.隶书，草篆首先在"徒隶"的官书中使用，这便是隶书产生的由来。

5.楷书，是代隶书而通行的一种字体，它是由隶书演变而来的。楷书即"楷模"之意，是标准字体。

社会不断发展，事类逐渐繁多，文字作为工具，为适应需要，必然要求书写日趋简便。由于佛教的传入，六朝时造像祝福，树碑志祖，纪事日渐盛行。一般人对于文字的应用也多起来了。隶书、楷书的兴起，使书写、镌刻大为便利，并为后来印刷术的发明创造了良好的条件。

蔡伦与造纸术

有了文字之后，最重要的就是要有一个很好的载体，也就是把字写在什么地方。据考古发现证实，文字出现以后，人们首先是把文字雕在石头上、刻在陶器上。当然，这不便于文化的传播。此后，各地又先后出现了不同的文字载体。比如，古代埃及人利用尼罗河的纸草来记述历史；古代的欧洲，人们长时间地利用动物的皮，比如羊皮来书写文字；中国，在造纸术发明以前，甲骨、竹简和绢帛是供古人用来书写、记载的材料。

远古以来，中国人就已经懂得养蚕、缫丝。秦汉之际，以蚕茧作丝绵的手工业十分普及。这种处理蚕茧的方法称为漂絮法，操作时的基本要点是，反复捶打，以捣碎蚕衣。这一技术后来发展成为造纸中的打浆。此外，中国古代常用石灰水或草木灰水为丝麻脱胶，这种技术也给造纸中为植物纤维脱胶以启示。纸张就是借助这些技术发展起来的。

据考古发现证实，西汉时期已经有了用植物纤维制造的、用以包装的纸，这些纸都比较粗糙，还不能作为书写的材料。

东汉时期，出身贫民的蔡伦在15岁时被召进宫中，成为宫中的宦官，后升任主管制造御用器物的尚方令。安帝元初元年（114），受封龙亭侯。在蔡伦任尚方令时，他拥有了制造御用器物的环境，为改良造纸技术提供了有利的条件。

蔡伦认真总结了前人的经验。他认为，扩大造纸原料的来源、改进造纸技术、提高纸张质量，就可以使纸张为大家所接受。蔡伦首先使用树皮造纸，树皮是比麻类丰富得多的原料，这可以使纸的产量大幅度的提高。树皮中所含的木素、果胶、蛋白质远比麻类高，因此树皮的脱胶、制浆要比麻类难度大，这就促使蔡伦改进造纸的技术。西汉时利用石灰水制浆，东汉时改用草木灰水制浆，草木灰水有较大的碱性，有利于提高纸浆的质量。

据史书记载，蔡伦在总结前人造纸技术的基础上改进造纸工艺，采用树皮、破皮、旧鱼网、麻头等废旧纤维作原料，造出了既轻便又美观的纸，被人们称为"蔡侯纸"。

元兴元年（105）蔡伦把他在尚方制造出来的一批优质纸张献给汉和帝刘肇，汉和帝很欣赏他的才能，马上通令天下采用。这样，蔡伦的造纸方法很快传遍各地。

之后，造纸术首先传入与我国毗邻的朝鲜和越南，随后传到了日本。中国的造纸技术也传播到了中亚的一些国家，并通过贸易传播到达了印度。

造纸术的发明和推广，对于世界科学、文化的传播产生了深刻的影响，对于社会的进步和发展起着巨大的作用。

计数法和十进制

数是人类在长期实践活动中逐渐积累经验而形成的抽象概念，数的主要用途在于表示事物的多少和事物之间的次序。我们熟悉的自然数就具有这两方面的功能。要发挥自然数的功能，必须创造出表达数字概念的适当方式，这就是记数法。

从世界范围看，人类发明的记数法很多，有二进位制等307种。其中，使用十进位制的有146种，看来十进位制记数法是人类最常用的。

为什么十进位制记数法最常用呢？这跟人类自身的身体有密切的关系。不管人类有何种肤色、不管你讲何种语言，也不管你属何种民族，都同样长着2只手，每只手各有5个指头。手是人类劳动的主要器官。最初人类计数的时候，最方便的莫过于摆弄手指。伸出或弯曲几个手指就是几，但这最多只能到10，再往下数就没有手指头了。怎么办呢？只得先把10个手指的数记下来，再重新开始数手指头。如此循环往复，自然而然就以"10"来进位了。

据考古发现的文物证实，中国是十进制计数法的发源地。中国数学史的源头可以追溯到旧石器时代晚期。在北京西南周口店的山顶洞人遗址中，发现的兽骨上的磨刻痕迹，表明那时的原始人也开始有了数的认识，也有了数的表示方法。

大约从公元前10世纪到公元前11世纪（商代灭亡），这期间最突出的数学成就是率先发明十进制计数法。在河南安阳殷墟出土的甲骨文，数量巨大。古文字学家在甲骨文中找出13个数码，它们是：一、二、三、四、五、六、七、八、九、十、百、千、万。这说明，最晚在商代时，中国已采用了十进制计数法。

这些记数文字的形状，在后世虽有所变化，但记数方法却从没有中断，一直被沿袭，并日趋完善。

中国人率先发明的十进位制记数法的关键，一是逢十进一，再是每个数码既有其自身的绝对值，又有其所在位数的十进制的值。所以，这种方法既简便又利于计算，并被世界所接受。它和阿拉伯数字相结合，成为世界计算数学的基本工具。

在数学计算方面，大约在商周时期，中国就已经有了四则运算，到春秋战国时期，整数和分数的四则运算已相当完备。其中，出现于春秋时期的正整数乘法歌诀"九九歌"，堪称是先进的十进制计数法与简明的中国语言文字相结合的结晶，这是任何其他记数法和语言文字所无法超越的。从此，"九九歌"成为数学的普及和发展的基础之一，并延续至今。

十进制计数法是古代世界中最先进、最科学的记数法，对世界科学和文化的发展有着不可估量的作用。正如李约瑟所说："如果没有这种十进位制，就不可能出现我们现在这个统一化的世界。"

毕昇和活字印刷

活字印刷术的发明，是我国古代四大发明之一，是人类文明史上的一次伟大革命，它为我国古代文化经济的发展开辟了广阔的道路，为推动世界文明的发展做出了重大贡献。

印刷术发明之前，文化的传播主要靠手抄的书籍，既费时、费事，又容易抄错、抄漏。同时，手抄的效率也是非常低的，限制了文化的交流和传播。

我国自先秦时就有印章了。印章是最原始的印刷，是用印模印出文字，这种印模主要是印人名的。此后，又出现了拓印碑文及印染布匹的技术。

印章、拓印、印染技术三者相互启发，相互融合，再加上我国人民的经验和智慧，雕版印刷技术就应运而生了，于是出现了雕版印刷的技术。雕版印刷术发明的时间大约在隋末唐初，即公元7世纪初期。有人认为，最早使用雕版印刷术者，应该是民间或佛教寺院。

到了宋代，雕版印刷已发展到全盛时期，各种印本甚多。较好的雕版材料多为梨木、枣木。雕版印刷一版能印几百部甚至几千部书，对文化的传播起了很大的作用。但是刻板费时费工，大部头的书往往要花费几年的时间，存放版片又要占用很大的地方，而且常会因变形、虫蛀、腐蚀而损坏。印量少而不需要重印的书，版片就成了废物。此外，雕版发现错别字，改起来很困难，常需整块版重新雕刻。

宋庆历年间，在我国古代文化发展的基础上，中国的印刷术迈出了可喜的一步，毕昇的活字印刷术适应社会的需求诞生了。沈括在《梦溪笔谈》中具体记载了毕昇发明活字印刷术的事件。

毕昇出身贫寒，写得一手好字，他是一个善学习、肯动脑、雕版技艺非常高超的工匠，专门从事手工雕版印刷。手工雕版印刷，是一项非常繁重又效率极低的工作。因为要一块一块地把文字刻制在枣木或梨木的印版上，一旦某个字出现了错误，这块板就算报废，而无法更改，必须换另一张木板重刻。

另外，这些木制刻板也较笨重，不易保藏。往往印一本上百页的书，所用的刻板就会占据一间屋子的空间。

一天，毕昇回家后，看到他的几个孩子在玩"过家家"的游戏，他们来回地挪动着那些用泥做的娃娃和家具，并不断地改变家中的摆设位置，这一游戏吸引了毕昇。他想，孩子们可以把玩具挪来挪去，那么，如果把印版上的字做成单个的，不是也可以挪来挪去吗？那不就可以省去很多麻烦了吗？再也不会因为刻错一个字，而换掉一块木板了。

于是，毕昇的脑海里立刻浮现了一连串的想法：古人的印章就是一个个的，把这些印章连起来，那不就是一块印版吗？

毕昇立即投入到字模材料的思考中，试图找到比木板更好的材料刻制字模，再想怎么把一个个的字模做成一张张的印版。

经过一段时间的反复试验，他决定用胶泥做刻制字模的材料，一个字为一个印模，字模用胶泥做好后用火烧硬，使之成为陶质材料。排版时先预备一块铁板，铁板上放松香、蜡、纸灰等物，铁板四周围着一个铁框，在铁框内摆满要印的字印，摆满就是一版。然后用火烘烤，将混合物熔化，与活字块结为一体，趁热用平板在活字上压一下，使字面平整，便可进行印刷。至此，一种新型的活字印刷术诞生了。

张衡与地动仪

张衡出身于书香门第，像他的祖父一样，张衡自小刻苦学习，很有文采，16岁以后到各处游学。

张衡是一位具有多方面才能的科学家。他的成就涉及天文学、地震学、机械技术、数学、文学艺术等许多领域，有过许多科学发现和发明。

张衡在天文学研究方面，有许多科学发现，著有天文学著作《灵宪》，在地震学机械技术方面，制作过地动仪和指南车、计程车。

《灵宪》是一部阐述天地日月星辰生成和它们的运动的天文理论著作，全面体现了张衡在天文学上的成就和发展。它总结了当时的天文知识，虽然其中也有一些错误，却还是提出了不少先进的科学思想和独到的见解。

例如，在阐述浑天理论的时候，虽然仍旧保留着旧的地平概念，并且提出了"天球"的直径问题，但是张衡进一步明确提出，在"天球"之外还是有空间的。他提出，我们能够观测到的空间是有限的，观测不到的地方是无穷无尽、无始无终的宇宙。这段话明确地提出了宇宙在时间和空间上都是无穷无尽的思想，十分可贵。他还指出，月亮本身并不发光，月光是反射的太阳光。他生动形象地把太阳和月亮比做火和水，火能发光，水能反光，指出月光的产生是由于日光照射的缘故，有时看不到月光，是因为太阳光被遮住了。他的这种见解在当时是十分超前的，也是正确的。

张衡在《灵宪》中还算出了日、月的角直径，记录了在中原洛阳观察到的恒星2500多颗，常明星124颗，叫得上名字的星体约320颗，这和近代天文学家观察的结果是相当接近的。

在他的另一部天文著作《浑天仪图注》里，张衡还测定出地球绕太阳一年所需的时间是"周天三百六十五度又四分度之一"，这和近代天文学家所测量的时间365天5小时48分46秒的数字十分接近，说明张衡对天文学的研究已经达到了比较高的水平。

公元89年到140年，东汉都城洛阳和陇西一带，共出现过33次地震。特别是公元119年，洛阳和其他地区连续发生了两次大地震，促进了张衡加紧对于地震的研究。他终于在公元132年，发明并制造出了我国第一架测报地震的仪器——地动仪。

张衡制造的这台地动仪，相当灵敏准确。公元138年的一天，地动仪精确地测出距离洛阳1000多里的陇西发生地震，表明其精密程度达到了相当高的水平。欧洲在1880年才制造出类似的地震仪，距张衡已经晚了1700多年。

张衡还制造了世界上第一架能比较准确地表现天象的漏水转浑天仪，第一架测试地震的仪器——候风地动仪，还制造出了指南车、自动记里鼓车、飞行数里的木鸟，等等。

张衡共著有科学、哲学、文学著作32篇，其中天文著作有《灵宪》和《灵宪图》等。

张衡一生为我国的科学文化事业做出了卓越的贡献，是我国古代伟大的科学家之一。他谦虚谨慎、勤学不倦。"如川之逝，不舍昼夜"，几十年如同一日，在所从事的事业中表现出了一丝不苟、精益求精、不畏强权、勇于进取的研究风格，而他不慕名利的高尚品德更值得我们学习。

联结亚欧的丝绸

我国是丝绸之乡，远在史前时期，我们的祖先就已从事种桑、养蚕、取丝、织帛。在我国最早的文字——甲骨文中，已有"桑"、"蚕"、"丝"、"帛"等字样。在殷商时期（约公元前14—前11世纪）的墓葬中多次发现用玉刻的蚕像，距今已有3000多年的历史了。那么，养蚕取丝究竟是谁发明的呢？

据汉代司马迁《史记》记载："古史相传，黄帝元妃嫘祖，教民养蚕"；而杨雄的《蜀王本纪》又说："蜀之先名蚕丛，教民养蚕。"凡此种种，说法不一。综合各类史料及传说，分析起来，大概可以作出这样的假设：上古，我国黄河流域及四川蜀地气候温和，土地肥沃，雨量充沛，桑林遍地，树上有野蚕吐丝结茧，当地先民就已知道剥茧取丝。传说，轩辕黄帝联合炎帝战败蚩尤后，在庆功会上有蚕神来献丝，黄帝见了这美丽的丝束，非常高兴，大加赞赏，就命他的臣子用它来织成绸，这绸又轻又软，比先前的苎麻织物不知要好多少，于是就用它来制成衣服，并命他的妻子率众养蚕。

轩辕黄帝是新石器时代后期中原部落的联合首领，是我们中华民族的祖先，他的妻子嫘祖是我国古代女性中最受尊敬的"天后娘娘"，由她亲自带头推广养蚕，养蚕制丝技术很快就遍及全国。

丝绸到了西汉，又发展到一个新的高度。张骞通西域，将我国的丝绸带到了中亚和西方，沟通了中西贸易渠道。从此，精美的东方丝织品沿着著名的"丝绸之路"不断运销西域，再转运到世界各地，受到当地人们的热烈赞赏，并被视为无上珍品。据说，当时的丝织品与黄金同价，所以称为"锦"。锦者，金帛也。汉代丝绸之路以长安（今陕西西安）为起点，经河西走廊至甘肃敦煌，由敦煌分南北两路。南路从敦煌出阳关至楼兰，沿昆仑山北麓西行经于和田，翻过帕米尔到大月氏、安息，再往西可达波斯湾口至大秦（即古罗马帝国）；北路从敦煌西北出玉门关，至吐鲁番，沿天山南麓西行，越葱岭到大宛、康居，再往西经安息，可达大秦。商人们带着一队队的骆驼和驴马，满载着中国丝绸和其他货物翻山越岭，长途跋涉，他们的足迹遍及巴基斯坦、阿富汗、伊朗、伊拉克，到达欧洲地中海沿岸各国，成为东西方文化交流的纽带。祖辈们开辟的这条对外贸易通道，被誉为"丝绸之路"。

唐代是我国历史上的昌盛时期，政治、军事、工业、商业、文化都达到了空前的高度，丝绸的生产更是"章采奇丽"、"神乎其技"，与欧亚各国贸易频繁。外国商人沿着"丝绸之路"来到中国购买丝织品，同时也把养蚕、制丝、织造等技术传至国外。这说明，在相当长的时期内，我国的蚕丝技术在世界上一直处于领先地位。丝绸是纺织纤维中的瑰宝。

从司南到指南针

指南针是利用磁铁在地球磁场中的南北指极性而制成的一种指向仪器。指南针、造纸术、印刷术和火药并称为我国古代科学技术的四大发明。

我国是世界上最早发现磁铁指极性的国家。早在战国时期，就利用磁铁的指极性发明了指南仪器——司南。《韩非子·有度》里有"先王立司南以端朝夕"的记载，"端朝夕"就是正四方的意思。司南是用天然磁石琢磨成的，样子象勺，圆底，置于平滑的刻有24个方位的"地盘"上，其勺柄能指南。不过，天然磁石在琢制成司南的过程中，容易因打击、受热而失磁，故司南磁性较弱，加之它与地盘接触转动磨擦的阻力比较大，难以达到预期的指南效果，所以未能得到广泛使用。但是，司南毕竟是最早的磁性指南仪器，被视为指南针的祖先。

随着社会生产力的发展，尤其是航海事业的发展，需要有较好的指向仪器。经过长期实践和反复试验，北宋时人们发现了人工磁化的方法，并以此制成指南鱼和指南针。指南鱼是用薄铁片裁成鱼形，然后用地磁场磁化法，使它带有磁性。指南鱼浮在水面时，鱼头指向南方。指南鱼磁性较弱，实用价值不大。指南针的制作则是以天然磁石摩擦铜针，使铜针磁化，产生指南的性能。和司南、指南鱼相比，指南针简便而又实用，以后的各种磁性指向仪器，都是以这种磁针为主体，只是磁针的形状和装置方法不同而已。

北宋的《梦溪笔谈》讲述了几种磁针装置法的实验：把磁针横贯灯芯浮在水上，架在碗沿或者指甲上，用缕丝悬挂起来。从该书的记载来看，使用指南针指向还没有固定的方位盘。但不久，便发展成磁针和方位盘联成一体的罗经盘，或称罗盘。其方位盘为圆形，也有24个方位。罗盘的出现是指南针发展史上的一大进步，人们只要一看磁针在方位盘上的位置，就能定出方位来。有关罗盘的记载，在南宋的《因话录》中即已出现。不过，此时的罗盘，还是一种水罗盘，磁针是横贯着灯芯浮在水面上的。明代嘉靖年间，又出现了旱罗盘。旱罗盘的磁针是以钉子支在磁针的重心处，支点的摩擦阻力很小，磁针可以自由转动。旱罗盘比水罗盘的性能优越，更适用于航海，因为它的磁针有固定的支点，不致在水面上游荡。

指南针的发明，有力地促进了我国航海事业的发展。12世纪以后，指南针传到了阿拉伯国家和欧洲，大大推动了世界航海事业的发展和中西文化的交流。指南针的发明，是中华民族对世界文明的一项伟大贡献。马克思曾把指南针和印刷术、火药的发明称为"资产阶级发展的必要前提"。

青铜礼器的冶炼

铜是一种金属材料，是现代生产和人类生活不可缺少的材料，也是人类结束原始社会生活后发明的、具有时代意义的材料。

我们的祖先最初认识金属是从发现天然金属开始的。在制陶技术的影响下，人们逐渐认识冶铸术的三大要素：找矿、造型、熔炼。此后，人们就进入到青铜冶铸时期。

从考古发现的金属物品看，最早的要属在西亚的出土铜器了。这些以铜制作的铜珠、铜线是在公元前约7000—前6500年生产的。在伊朗境内的锡亚尔克、安墙出土的铜质针、锥、刀、斧，约为公元前6000—前5500年生产的；在古埃及的巴达卫等地出土的铜质锥、针、斧，约为公元前5000—前4000年生产的；在叙利亚的布拉克等地出土的铜质针、薄片和工具，约为公元前4500—前3100年生产的；在巴勒斯坦的米什马尔等地出土的含砷铜器，约为公元前3500—前3200年生产的。我国甘肃马家窑出土了公元前3000年左右的锡青铜器具，山东胶县出土的铜锥是公元前2000年制作的黄铜器。

在西亚出现的铜制品，发展到公元前3000年，出现了铜合金(添加锡、铅的青铜)，形成了青铜器时期。由于青铜熔点低，铸造性能良好，它作为制造武器、生活用具以及生产工具等物品的材料，大显身手，在人类文明史上产生过重要作用。我国商周时期，是使用青铜器的鼎盛时期，祭祀的香炉、灭火的铜鼎等都是用青铜铸造的。至于春秋战国时代的青铜兵器，更流传着许多动人的故事。越王勾践和吴王夫差的宝剑相继出土，使埋藏地下2500多年的秘密大白于天下，证实了诗人"越民铸宝剑，出匣吐寒芒"的赞誉。

世界上几个文明古国大体上是在公元前3000—前2000年先后进入"青铜时期"的。在两河流域、尼罗河、印度河、黄河等四大流域都不同时期地开创了青铜时期的文明。

中国古代青铜的起源是在新石器时代晚期，受陶器的熏陶而产生的。经历了由简单到复杂、由低级到高级的发展阶段。

青铜器的使用是作为从原始社会过渡到奴隶社会的一个重要标志。当时的青铜器不仅是奴隶主拥有的财富，也是奴隶主统治权力的象征。由于生产、战争、祭祀的需要，使用的青铜器品种增多，制造质量提高。大量生产制作了生活上使用的酒具(尊、爵等)、盛食用具(簋、豆等)、烹煮用具(鬲、鼎等)，生产上使用的工具（刀、斧、铲、锯等），战争中使用的兵器(戈、矛、戟等)。这个时期最典型的代表是"司母戊方鼎"，它是我国目前已发现的最大的一件古代青铜器。

西周中期到春秋战国是青铜的鼎盛时期，那时就有了青铜冶铸业基地。技术进一步发展，逐渐形成了独特的风格，铜器体形轻薄、纹饰简朴、实用性强。

在晚商时期，我们的祖先已经开始掌握铜合金的配料规律。根据器物的不同用途进行不同的铜合金配比，这也是世界上最早的铜合金配料规律。

转动的风车

风车是一种利用风能的机械装置，在没有使用现代能源以前，古代先民发明了这种利用天然风力的装置，但究竟是什么人发明的，已无可靠有力的证据。风车使用的历史可达两三千年之久。

据有关记载，首先使用风车的地方是在西亚一带。7世纪，大概在叙利亚，建造了第一批风车。因为这个地区是世界上有强风的地方，大风几乎总是朝着相同的方向吹，因此就面向盛行风而建造了这些早期风车。它们看上去不像如今所见到的风车，它们有着竖式轴，轴垂直排列着翼板，与旋转木马很相似。

644年，一个叫阿布·鲁鲁亚的制造风车的波斯匠人，因行刺哈里发乌马尔·伊本·卡图布而被捕。644年，是风车见于文献的最早年代。此外，有专门的资料提到于200年后出现在塞斯坦（在伊朗和阿富汗的边界处）的著名的风车，这种风车是从公元前1世纪才被人们所知的小亚细亚的水平水车演变而来的，它的翼板安在一个垂直的"风转动轴"上，在一个水平的平面上转动。

西方的垂直风车，则是由罗马人维脱劳维斯所描述的公元前22—前21世纪之间的垂直水车演变而来的。这种风车称为"柱车"，在1180年前后出现于法国，在1191年前后出现于英国。由于翼板无论何时都必须跟风向垂直，包括磨石和传动装置的木头车体就安在一根支承的立柱上，一根长的杠杆从背后把它转向迎风面。

不久之后，从这种西式风车演变出的新式风车，于1300年出现于法国。新的"塔式风车"由一个固定的塔构成，塔包括磨石和传动装置，只有装着翼板的塔顶能迎风转动。中世纪的这种风车插图甚为罕见，但是在沙弗尔克的一个教堂的彩色玻璃窗上有一幅图画，其年代为1470年。

西方风车的设计与叙利亚的风车迥然不同，因而它们可能是被独立发明出来的。西方风车的不同之处在于翼板环绕着垂直面而转动。因为风在欧洲比在西亚较为变化不定，所以风车还另有一个机械装置，以使翼板面对着风来的方向转动。

2000多年前，中国、巴比伦、波斯就已利用古老的风车提水灌溉、碾磨谷物。12世纪以后，风车在欧洲迅速发展，通过风车（风力发动机）利用风能提水、供暖、制冷、航运、发电等。如今，风车已很少用于磨碎谷物，但作为发电的一个手段正在获得新生。"装有发电涡轮机的农场"是由驱动发电机的大型风车组构成的。

荷兰被誉为"风车之国"，风车是荷兰的象征。荷兰坐落在地球的盛行西风带，一年四季盛吹西风。同时，它濒临大西洋，又是典型的海洋性气候国家，海陆风长年不息。这就给缺乏水力、动力资源的荷兰，提供了利用风力的优厚补偿。荷兰风车，最大的有好几层楼高，风翼长达20米。有的风车，由整块大柞木做成。18世纪末，荷兰全国的风车约有12000架，每台拥有6000马力。这些风车用来碾谷物、粗盐、烟叶、榨油，压滚毛呢、毛毡、造纸，以及排除沼泽地的积水。正是这些风车不停地吸水、排水，保障了全国2/3的土地免受水涝和人为鱼鳖的威胁。

20世纪以来，由于蒸汽机、内燃机、涡轮机的发明，依靠风力的古老风车曾一度变得暗淡无光，几乎被人遗忘了。但是，因为风车利用的是自然风力，没有污染、耗尽之虞，所以它不仅被荷兰人民一直沿用至今，也成为今日新能源的一种，深深地吸引着人们。

流动的水车

水车是一个古老的农业灌溉机械。3世纪前后，波斯人发明了一种水车——波斯轮。在直立水车的叶轮上挂有多个水桶，水车转动时轮周的水桶轮流浸入水中并相继提起，桶随轮转至上方后将水倒入输水槽。测轮由齿轮与水平的传动轮连接，驮马绕着圈子带动水车。

古希腊时期的阿基米德是有史以来最早的水泵发明者。阿基米德出生于公元前287年的希腊叙拉古城。当时的叙拉古经济空前繁荣，科学研究之风甚浓，城里的许多人对哲学、几何学等颇有研究。他们喜欢辩论，把这当作学习的机会，阿基米德从小生活在这种氛围之中，养成了善于思索、勤勉学习的良好习惯。

当时，处于尼罗河河口的亚历山大城，是地中海东部政治、经济、文化的中心，那里聚集了许多第一流的科学家。好学的阿基米德也来到亚历山大城，在这里学习数学、天文学和力学。一个星期天，阿基米德和同学们一起乘木船，在尼罗河上缓缓行驶，两岸旖旎的风光让他目不暇接。忽然，他看到一群人在用木桶拎水，便问道："他们干嘛要拎水？"

"河床地势低，农田地势高，农民只好拎水浇地了。"一位当地的学友告诉他。"这样拎水的效率太低了，浇一丘田不知要拎多少桶。"阿基米德心中产生了对农民的同情心。那位同学不以为然地说："祖祖辈辈，人们都是这样做的。你有什么好办法？"

回去后，阿基米德的眼前总是闪现出农民拎水时吃力的画面。"可不可以让水往高处流呢？"阿基米德开始思考这一问题。渐渐地，在阿基米德的脑海中产生了一个设想："做一个大螺旋，把它放在一个圆筒里。这样，螺旋转起来后，水不就可以沿着螺旋沟带到高处去了吗？"

阿基米德立即根据这一设想，画出了一张草图。他拿着这张草图去找木匠，请求师傅帮他做一个用于泵水的工具。"经阿基米德的指点，木匠制出了一个怪玩意儿。阿基米德将这个东西搬到河边，并把它的一头放进河水里，然后轻轻地摇动手柄。"咕噜噜"，只见河水在摇动手柄的同时，从怪东西的顶端不断地涌出来。水，果然往高处流了。

前来围观的农民，被这神奇的东西迷住了。他们纷纷赞扬阿基米德为农民做了一件大好事。不久，这种螺旋水泵在尼罗河流域，乃至更广的范围流传开了。

在螺旋水泵问世后不久，我国也发明了一种抽水工具——龙骨水车。据说是东汉灵帝时的毕岚发明的。这种水车的主要装置是一个木板制成的槽，槽内相隔一定的距离放置瓦片大小的木块，这些木块通过销子连结起来。整个样子像龙的骨架，因此得名。使用时，人扶着水车顶端上的木架，用脚踩动拐木，就带动下面的木块沿着木槽往上移动，由此把水提上岸，而后木块又往木槽的背后往下移动，直至绕过下端的轴，重新刮水。后来，有人又对龙骨水车进行改进，发明了"畜力龙骨水车"、"水转龙骨水车"。

除了螺旋水泵、龙骨水车得到广泛、长期的应用之外，在历史的长河中，还诞生了各式各样的水泵。有人发明了一种单人操作的泵水机械，它是一个全金属齿轮传动机械，在沉重的链上挂着一只只勺斗，它可以缓慢地将水提到高处；也有人发明了一种类似现在的打气筒式的水泵，它的泵筒是由较硬的榆木制成的，在泵筒内有一只皮袋制的活塞，把活塞往下推，再拉上来，水就会顺着泵筒汩汩上流；还有人发明了一种用于井下工作的水泵，它是在一个竖直的管道中，运行着一条链条，链上每隔一段距离就挂一个内装马尾毛制成的球，随着一个个球在管道内上升，水也被提了上来。

透明的玻璃

玻璃是由沙子、石灰石和碳酸钠的混合物制作出来的。玻璃在许多方面都有很多的用途，我们生活中几乎到处都有它的踪迹，尤其在建筑领域，玻璃是一种不可缺少的建筑材料。这一现代生活中司空见惯的建筑材料的发明过程，有一段颇富传奇色彩的故事。

大约在公元前2000年，一个阳光明媚的日子，有一艘腓尼基人的大商船来到地中海沿岸的贝鲁斯河河口，船上装了许多天然苏打的晶体。对于这里海水涨落的规律，船员们并不掌握。当大船走到离河口不远的一片美丽的沙洲时便搁浅了。

被困在船上的腓尼基人，索性跳下了大船，奔向这片美丽的沙洲，一边尽情嬉戏，一边等候涨潮后继续行船。

中午到了，他们决定在沙洲上埋锅做饭。可是，沙洲上到处是软软的细沙，竟找不到可以支锅的石块。有人突然想起船上装的天然结晶苏打，于是大家一起动手，搬来几十块垒起锅灶，然后架起木柴燃了起来。饭很快做好了。当他们吃完饭收拾餐具准备回船时，突然发现了一个奇妙的现象：只见锅下沙子上有种东西晶莹发光，十分可爱。大家都不知道这是什么东西，以为发现了宝贝，就把他收藏了起来。其实，这是在烧火做饭时，支着锅的苏打块在高温下和地上的石英砂发生了化学反应，形成了玻璃。

聪明的腓尼基人意外地发现这个秘密后，很快就学会了制作方法，他们先把石英砂和天然苏打搅拌在一起，然后用特制的炉子把它们熔化，再把玻璃液制成大大小小的玻璃珠。这些好看的珠子很快就受到外国人的欢迎，甚至有人用黄金和珠宝来兑换。

当然，这个故事是否真实可信，难以考查，因此也没有人确切地知道玻璃是在何时、何地、首先被谁制造出来的。

考古发现，公元前2600年左右，玻璃出现于美索不达米亚（今伊拉克）或埃及的早期文明中心。早在公元前2000年，美索不达米亚人就已开始生产简单的玻璃制品了，而真正的玻璃器皿则是于公元前1500年在埃及出现的。从公元前9世纪起，玻璃制造业日渐繁荣。公元前6世纪，在罗得岛和塞浦路斯岛上已有玻璃制造厂。建于公元前332年的亚历山大城，在当时就是一个生产玻璃的重要城市。从公元7世纪起，一些阿拉伯国家，例如：美索不达米亚、波斯、埃及和叙利亚，其玻璃制造业也很繁荣。古代埃及人是十分出色的制造玻璃小瓶和装饰品的艺术家，而且，他们经常制造出一层一层不同的颜色。在欧洲，玻璃制造业出现的时间比较晚。在大约18世纪之前，欧洲人都是从威尼斯购买高级玻璃器皿。虽然我们通常认为玻璃是一种清澈明净的物质，但古代的玻璃却不是透明的。它略带颜色，因为混合物原料中有杂质，不过这些颜色通常是非常美丽的。

吹制玻璃器皿，或者说拿一团呈半流质状的热熔化玻璃，把气吹进去来制成一个中空的容器，这是后来的发明。第一批玻璃吹制工人大概出现在公元前1世纪的叙利亚。

玻璃窗是一项更晚一些的发明。它们最初也是用吹气来制造的。大容器被吹制出来，经弄平后就成为一片玻璃。100年左右，开始出现这种明亮的玻璃，但在1000多年里，这种玻璃一直被当作件昂贵的奢侈品。

独木舟与单浆船

历史最悠久的运输工具就是船了。船的发明应追溯到远古时期，至于是谁发明了最早的船，那可是无从考证，因为最早的船是独木舟，是原始人的一种发明，所以并没有留下任何可靠的记载。

古人由于逃难洪水，他们在无意中发现了树木和一些植物的枝干能不被水淹没，并从落叶和树干在水中漂浮的现象中得到启示，从而造出了船。

　　《世本》中就写着："观落叶因以为舟。"意思是古人看到树叶落到水面上并且漂游的情景，于是造出了船。

　　人类最早发明、制造的独木舟的大致方法是，用石器剖开原木的一面并掏挖成凹形，并用桨划水，这就是最原始的船——独木舟。世界各地的考古发现证实了这段发明的历史。在英国约克郡斯塔卡尔的一个沼泽中，发掘出一支公元前7500年的木桨，这支桨应该是用来划一种独木舟的。而在荷兰的佩塞发现的一只独木舟，其年代约是公元前6300年。这种独木舟可以做得相当大，在英国林肯郡的布里格发现的一只独木舟，竟长达16米，宽1.5米，想必这棵大树已有数百年的树龄了。

　　早期的埃及人和美索不达米亚人可能是用芦苇造船，将捆扎好的芦苇涂上一层树脂，便可在水中航行了。还有的船是用动物皮做成的，古代浮雕中的亚述兵士就乘着这种船过河。古爱尔兰人使用的是柳条舟，这种船用柳条编成，然后蒙上兽皮再涂上柏油，这也是一种用植物的材料做成的船。另一种简单得多的船是充气的动物皮革，如今中国的黄河中上游流域还有这种用动物皮制作的船——羊皮筏子。

　　在原始人发明制造独木舟的材料，不管用树木的枝干，还是芦苇、动物的皮革，这些都是大自然中的天然材料，有了石器工具，有了天然材料，就有了发明和制造独木舟的基本条件。

　　今天的人们很难想象，当早期的人类被奔腾的河流和浩瀚的大海阻隔时是一种什么样的心情。但是，有一点是肯定的，那就是他们有一种想超越这隔绝、达到彼岸的强烈愿望，他们不仅不满足于已经熟悉的东西，而且希望与别人交流，希望了解那些对于他们来说完全陌生的事物。这一强烈的愿望就是他们制造出第一条船的基本动力，这就是独木舟发明和制造的需求，因此独木舟的发明和制造就成为可能了。

　　在其他许多古遗址中也先后出土过木船桨。显然，船是当时人重要的运输工具。舟楫的发明，是人类开始征服自然的标志。人们借助舟楫，延伸了自己的双脚，也扩展了自己的眼界，渔业得以大发展，食物来源随之丰富，氏族部落还能打破闭塞，增加与其他部落的来往。渐渐地，这种来往就有了商品交换的色彩。尽管独木舟难以抗拒狂风巨浪，但先民们仍冒着葬身鱼腹的危险，大胆地用它飘洋过海，展示着生命的顽强与坚韧。

中国的独木舟要追溯到黄帝时期。到了春秋时期，吴国被称为"不能一日废舟楫之用"的"国家"，越王勾践则骄傲地将越国水乡的居民描述为"以船为本，以楫为马，往若飘风"，真是如同仙人般地潇洒。到了西汉，吴地船只的多少甚至成了国力强弱的象征。

顺风扬帆的舰船

人类在水上航行的时间大概在六七千年以前，那时古人使用的是独木舟或独木舟桨船，其特点是，用自然材料制成，用人工划桨作动力。这样的船是不能远行的，即或有极少的人可以用这种船漂洋过海，却也满足不了人们向海洋进发的需求。于是，出现了天然动力的帆船。

究竟是谁发明了风帆，并把他安装到船上了？现在已经无史可考，可能的情况是，一位印第安人驾着他的独木舟，划过中美洲的一个湖泊以后，疲倦了，漫不经心地把桨搁在船上，这时风吹动桨叶，移动了独木舟；或是在尼罗河上，在印度西南海岸，一位先民看见清风吹送一片树叶越过水塘，这个现象触发了他的灵感，他就用席片、树皮和麻布做成了一块横帆；也有可能是古代中国的一位渔妇，在渔船上晾衣，风吹动衣服，带动了船的前行，于是她就用旧衣服缝成第一块风帆，借助风力来减轻渔夫划桨的辛苦。以前的人们只能利用划桨来驱动船，风帆的发明后，人类克服了体力上的局限，开始利用自然的力量来推动人类前进的步伐。

现在有可靠的证据证明，最早的一艘帆船，是公元前3900多年为埃及法老王奥普斯的葬礼而建造的，在埃及同一时代的壁画上，也看到类似的帆船。这些早期的埃及船，都是单桅的帆船，每一艘船上只张挂一面长方形的帆，帆是固定的，也不能转动，所以风的利用效率也是很低的。

风帆把风力汇集起来，再作用到桅杆上，带动船在水上漂行。这是人类驾驭自然力量为自己工作的第一种方法。公元前3000年出现了带帆的芦苇船，公元前2000年，出现了有龙骨的木船。这两种船是地中海东部的各族人当时进行沿海贸易的运输工具。

船帆发明以后，只便能够借着风力航行。可是，由于风的方向和大小经常不是固定的，所以一艘帆船往往有划桨的设备，以便在风力不足或风向不对的时候使用。

帆的形状至500年左右，出现了崭新的设计。当时的阿拉伯人发现，大幅三角形帆比长方形帆好用，长方形帆只能在顺风时运用，三角形帆则在侧风时也能运用。

后来，古罗马的坚实商船问世，地中海式船舶的设计达到比较理想的水平。这种帆船只在船中部设置一根桅杆，上端悬挂方形主帆，装有以前的船所缺乏的一种新的"卷帆"系统，垂直的绳索穿过缝在帆上的环节，可以像百叶窗那样从底部卷起或缩短船帆。由于加装了前帆，启发了后人发明双桅帆船，但仍不能逆风行驶。又过了600多年，开始出现可以逆风行驶的三角帆船，与横帆不同的是，它可以在船的横位上做大幅度的转向，直到它和船本身的长轴线形成水平线为止，于是有人把他称为纵帆船。

第一艘具有代表性的风帆设备完善的船，这就是三桅帆船。之后的二三百年间，欧洲的冒险家就是用这种帆船开辟了新航道，"三次地理大发现"也是由于拥有了三桅帆船才得以实现。从此以后，三桅帆船将原来相互隔绝的世界联系到了一起。

不久，由于蒸汽机的使用，大量的船舶都装上了机器动力，到了20世纪，帆船就渐渐退出了航运。

滚动前行的车轮

轮子是人类最古老、最重要的发明之一，它把社会这辆车装上了轮子，使社会的发展更进一步的加快了步伐，所以才有人把发明轮子和发现及使用火相提并论。可以肯定，6000年前的这一发明，是继人类使用火以后的又一重大发明。

据考古发现，德国有一巨石墓下的车辙是公元前4800—前4700年间留下的。在波兰也发现带车形图案的罐子，图案是在公元前4610—前4440年绘制的。在位于叙利亚的晚期一处遗址，发现了一个带有轮子的模型和“货车”的壁画。这些东西是先民在距今 6400—6500 年前留下的。所以，轮式车辆很可能是在欧洲先出现的，而后才传到近东，或是由东方人再次发明的。

那么，轮子和车是怎么发明的呢？这方面的考古证据还很缺乏，人们甚至只能凭现考古文物进行推测和猜想。

轮子的发明既要有社会的需求，也要有相当的自然环境，还有一定的创造联想和相当的工具和技术。我们知道，人类在掌握锋利而坚固的工具以前，是不可能拥有发明和使用轮子的，也就更不可能有轮式车辆。因为用石器工具难以将木头加工成合适的圆柱形，更不必说复杂到带辐条的轮子了。所以，车轮的出现只能是青铜器时代以后的事情。

青铜器时代，由于生产力的发展，对运输有了比较大的需求。人们在自然界现象的启发下，有了对圆形的关注。比如，有些地方的人发现了自然界的圆形物体，并且也不自觉地使用圆形物体，美洲的印第安人知道在滚木上拖船下水，但以轮行车这个概念还没有想到。又如，《淮南子》说先民“见飞蓬转而知为车”，“飞蓬”是一种草，其茎高尺许，叶片大，根系入土浅。一有大风，很容易被连根拔起，随风旋转。再如，原始民族曾经普遍地崇拜过天空中的日月。古人一定认为它们拥有最完美的外形——直到古希腊时代，哲学家柏拉图也还认为球体是最完美的形式。也许新石器时代的先民在制作器具时很自然地模仿太阳和月亮的形状。当他们偶然发现制成的圆盘状物体可以在转动中保持形状不变时，他们就有兴趣进一步发掘它的用途了。

古人可能就是受到这些现象的启发，发明了车轮和车轴。这与鲁班受锯齿草的启发而发明锯子的传说一样，这种说法很可能也是一个传说而已，但轮子在自然界是有原型的这一事实是很可能的。

美索不达米亚最早的轮子只是一些圆形的板，和轴牢牢地钉在一起。公元前 3000 年，已将轴装到手推车上，轮子不直接和车身相连。以后不久，又出现了装有轮辐的车轮。这种原始的人力手推车虽然笨拙得很，但比从前一直使用的人的肩膀和驮兽要好得多。据英国科学史家李约瑟考证的结论，约在公元前 4500—前 3500 年，中国出现了第一辆车子。《左传》中提到，车是夏代初年的奚仲发明的，如果记载属实，那是 4000 年前的事情。在殷代车轮很早就用于制造战车。这种战车先是用来冲入敌阵，后来又当做战台使用，战车兵可以站在战车上朝敌人掷标枪，杀死敌人。

车轮最伟大的作用是使人可以搬动远远超过自身重量的物体，车轮的发明对于提高生产力水平有极大的促进作用，为社会的发展填上了前进的轮子。

逆流而进的人力桨轮船

在船舶发展史中，人力桨轮船也曾有过光辉的一页。世界上第一艘人工桨轮船是中国人李皋发明的。

《旧唐书·李皋传》记述了唐代李皋设计的新型战舰，"挟二轮蹈之，翔风鼓浪，疾若挂帆席"的实例。

李皋是唐代杭州的知府，杭州是水乡，水运是那里的主要运输形式。李皋为了提高船舶的航行效率，他一心想改进用人摇桨的方法，他在船的舷侧或艉部装上带有桨叶的桨轮，靠人力踩动桨轮轴，使轮周上的桨叶拨水推动船体前进。因为这种船的桨轮下半部浸入水中，上半部露出水面，所以称为"明轮船"或"轮船"。

我国自唐代就有了"轮船"一词，以后的南北朝时期，"车船""车轮轲"等各式船只逐步推广开来。随轮船制造技术的提高，船中桨轮数量也从2轮发展到4轮、8轮、20轮，甚至32轮。

宋代，火药与轮船，已成为两项最重要的军事武器，桨轮船在南宋时期得到了较大规模的发展。宋将韩世忠在1129年镇江黄天荡战役中用"飞轮八楫，踏车蹈回江面"，有力地打击了金人完颜亮。在采石矶战役中，宋将虞允文的轮船战舰使金兵"相顾骇愕"。农民起义军领袖杨幺的部下高宣，设计制造了多种大小桨轮船，其车数（1轮叫做1车）有4车、6车、8车、20车、24车、32车等，中型的载战士二三百人，大型的长二三十丈，吃水一丈左右，能载千余人。桨轮船把桨楫改为桨轮推进，把桨楫的间歇推进改为桨轮的回旋连续推进（连续运转）。桨轮船的出现，是船舶推进技术的一个重大进步，也是对船行动力的一次重大改革。这一发明有着重要的意义，一方面是，用脚踩动比用手划桨要省力，因为用脚踩动是借助了人体的重量和重力，这样就可以增加划桨的力量，比摆动臂膀的力量要大得多；另一方面是，这种桨轮已具有了机械性质，它有利用轮轴传动力的机械形式，这是人类利用机械的一种奇妙的发明。拨水轮成为以连续运动代替划桨间歇运动的机械。桨轮船在出现后的1000多年中，发挥过巨大作用。

欧洲在蒸汽机出现以后，发明了以蒸汽机为动力代替人力的蒸汽浆轮船。1802年，英国人威廉·西明顿采用瓦特改进的蒸汽机制造成世界上第一艘蒸汽动力明轮船"夏洛蒂·邓达斯"号，在苏格兰的福斯—克莱德运河下水，试航成功。这是一艘30英尺长的木壳船，船中央装上西明顿设计的蒸汽机，推动一个尾部明轮。被人们称为"轮船之父"的罗伯特·富尔顿是美国机械工程师。1807年7月，他设计出排水量为100吨、长45.72米、宽9.14米的汽轮船"克莱蒙特"号。船的动力是由72马力的瓦特蒸汽机带动车轮拨水。8月17日，载有40名乘客的"克莱蒙特号"从纽约出发，沿着哈德逊河逆水而上，31小时后，驶进240公里以外的奥尔巴尼港，平均时速7.74公里，从此揭开了轮船时代的帷幕。此后，它在哈德逊河上定期航行，成为世界上第一艘蒸汽轮船，奠定了轮船不容动摇的地位。

工业革命的发动机

人类对蒸汽的认识和利用，经历了一个漫长的历史过程。

早在公元前2世纪，古希腊人就制造过一种利用蒸汽喷射产生反作用的发动机。

1698年，法国物理学家巴本创造性地设计了活塞装置——汽缸。同年，设计发明了第一台实际应用于矿井抽水的蒸汽机，第一次把蒸汽变成了工业动力。但是，这种机器还是有许多缺陷必须克服，比如：蒸汽机的热损失极大，效率很低；由于靠大气压力汲水，使其工作受到限制；另外，这架蒸汽机也很不安全。

1705年，英国锻工托马斯·纽可门，在另一位工人考利的帮助下，发明了一种更加适用的大气活塞式蒸汽机。

虽然许多人的发明比较新颖，但又都存在许多缺点，不能得到推广和应用。工人出身的瓦特看出了这些蒸汽机的缺点，于是特别热衷发明一种新型的蒸汽机。

詹姆斯·瓦特，1736年1月19日出生于英国格拉斯哥市附近的一个小镇，祖父和叔父都是机械工匠，父亲原来是名造船技术工人，后来自己经营过造船和建筑，做过仪器制造家和商人，还曾经一度担任过小镇的地方行政官。瓦特从幼年起就随父亲学习各种手艺，并养成了一种独立思考和探索未知事物的兴趣和习惯。

瓦特在总结了前人的经验后，发现活塞只能作往复的直线运动，这是它的根本局限性，所以才使它的应用性受到了限制。

1781年，瓦特从行星绕日的圆周运动受到启发，想到了把活塞往复的直线运动变为旋转的圆周运动就可以使动力传给任何工作机。

同年，他研制出了一套被称为"太阳和行星"的齿轮联动装置，终于把活塞的往复的直线运动转变为齿轮的旋转运动。为了使轮轴的旋轴增加惯性，从而使圆周运动更加均匀，瓦特还在轮轴上加装了一个飞轮。由于对传统机构的这一重大革新，瓦特的这种蒸汽机才真正成为了能带动一切工作机的动力机。

1781年底，由于瓦特把蒸汽机的往复直线运动变成为连续而均匀的圆周运动，从而可以经过传动装置带动一切机器运转，成为能普遍用于工业和交通运输业的"万能动力机"。这种高效率的蒸汽机很快取代了旧式的蒸汽机，被各工业部门迅速采用。从此，动力机、传动机和工作机组成了机器生产系统，成为工业机械化的核心。

到19世纪30年代，蒸汽机广泛应用到纺织、冶金、采煤、交通等部门去，很快引起了一场技术革命。

与织布争先的纺纱机

工业革命在英国的发生是历史的必然。然而，必然性又总是通过偶然性表现出来的。比如说，"珍妮纺纱机"的发明是从飞梭引发的。1733年，机械师凯伊发明了飞梭，纺布速度大大加快，棉纺顿时供不应求，这就引起了纺织工业各部门各环节的连锁反应，造成纺纱业与织布业劳动生产率的不平衡，从而推动纺纱业技术革命性的发展。

1764年，在英国的一个小镇上住着一对夫妻，男的叫哈格里沃斯，女的叫珍妮，他们都是被剥夺了土地后从乡下进入城镇的，成为一家纺织工厂的工人。哈格里沃斯是这家工厂的木匠，又是织布机工人，珍妮为这家工厂纺纱。

由于工厂采用了机械师约翰·凯伊发明的飞梭，织布机的效率一下子提高了许多倍，这样用手工纺车纺纱就满足不了机器纺织机的生产需要，所以珍妮在家用手摇纺车，尽管忙得手忙脚乱，一天下来也纺不了多少线。

工厂里由于棉纱供不上生产的需要，纺织工就会提前下班，哈格里沃斯下班后，看见妻子累得汗流浃背的样子，就想：如果织布可以用机器，那么纺纱也可以使用机器来纺出更多的纱。

于是，他就开始琢磨纺纱机，想通过一种机器来提高纺纱的效率。他发现，手工纺织机只有一个纱锭，便琢磨如果有几个纱锭同时纺纱，一定会在同一时间里纺出更多的纱，也就会使纺纱的效率提高好多倍。

一天晚上，哈格里夫斯回家，开门后不小心一脚踢翻了妻子正在使用的纺纱机，当时他的第一反应就是赶快把纺纱机扶正。但是当他弯下腰来的时候，却突然愣住了，原来他看到那被踢倒的纺纱机还在转，只是原先横着的纱锭现在变成直立的了。他猛然想到：如果把几个纱锭都竖着排列，用一个纺轮带动，不就可以一下子纺出更多的纱了吗？哈格里夫斯非常兴奋，马上操起了他的工具开始制作这个机器。

1865年，他造出用一个纺轮带动8个竖直纱锭的新纺纱机，功效一下子提高了8倍，这就是世界上第一架纺纱机——珍妮纺织机。1764年，他制成以他女儿珍妮命名的纺纱机。这是最早的多锭手工纺纱机，装有8个锭子，适用于棉、毛、麻纤维纺纱。后来，哈格里夫斯又不断改进，纱锭加到16个、30个、100个，效率提高到100倍。1768年，哈格里夫斯获得了专利。1784年，"珍妮机"已增加到80个纱锭。4年后，英国已有2万台"珍妮机"了。

工业革命不断催生出新的发明。1769年，理查德·阿克莱特发明了卷轴纺纱机。它以水力为动力，不必用人操作，而且纺出的纱坚韧结实，解决了生产纯棉布的技术问题。但是水力纺纱机体积很大，必须搭建高大的厂房，又必须建在河流旁边，并有大量工人集中操作。于是，1771年，他建立起有300名工人的工厂，10年后工人增加到600名。纺织业就这样逐渐从手工业作坊过渡到工厂大工业。到1800年，英国已有这样的工厂300家。但这种机器纺出的纱太粗，还需要改进。

童工出身的塞缪尔·克隆普顿于1779年发明了走锭精纺机，它结合"珍妮机"和水力纺纱机的特色，被称为"骡机"。这种机器纺出的棉纱柔软、精细又结实，很快得到应用。到1800年，英国已有600家"骡机"纺纱厂。

英国纺纱业的大发展，使织布业反倒显得落后了。1785年，牧师卡特赖特发明水力织布机，使织布工效提高了40倍。到1800年，英国棉纺业基本实现了机械化。

自力独行的自行车

20世纪中晚期，自行车像潮水一样遍及世界各地，进入千家万户。荷兰和中国还被人们称为自行车的王国。就是现在，人们也把自行车作为环保型的交通工具。但很少有人知道，发明自行车的是德国的一个看林人，名叫德莱斯。

德莱斯原每天都要从一片林子走到另一片林子，多年走路的辛苦，激发了他想发明一种交通工具的愿望。他想，如果人能坐在轮子上，那不就走得更快了吗？就这样，德莱斯开始设计和制造自行车。这辆车的外形像一匹木马的脚下钉着两个车轮，两个轮子固定在一条线上。这辆车没有驱动装置和转向装置，坐垫低，骑在车上，两脚着地，向后用力蹬，使车子沿直线前进。就这样，世界上第一辆自行车问世了。

1817年，德莱斯第一次骑自行车旅游，一路上受尽人们的讥笑，他决心用事实来回答这种讥笑。在一次比赛中，他骑车4小时走过的路程，马车却用了15个小时。尽管如此，人们对这种车仍然没有兴趣，因为比较费力，所以也没有一家厂商愿意生产、出售这种自行车。

同年，德国的冯·德莱斯男爵发明了一种能自由活动的车把，使车转变方向变得比较方便。此后，又有许多人的发明完善了自行车。1839年，苏格兰人马克米廉发明了脚蹬，装在自行车的前轮上，使自行车的技术和性能大为改善。同年，英国一位工人K·麦克米伦首创了用曲轴机构驱动后轮的脚踏自行车，可使骑车时双足离开地面。1861年，法国的马车和婴儿车制造商米肖父子修理德莱斯式自行车，在车的前轮上安上脚蹬曲轴，从而发明了米肖型自行车，不久这种自行车便开始大量生产。1869年，法国人吉尔梅发明了第一辆链式自行车，使自行车的技术更加完善。

1870年前后，法国的马执又制造了一种前面驱动轮大，后面从动轮小的自行车。1890年，英国的亨伯公司生产出一种用链条传动的、车身为菱形的自行车，这种自行车一直沿用至今。1888年，邓洛普又发明了充气轮胎，使自行车得到进一步的发展。

对于自行车的发明也有另外的说法。有人认为，公元1790年，法国人西夫拉克研制成木制自行车，无车把。还有人说，1801年9月的一天，俄国农奴阿尔塔莫诺夫骑着自己制造的木制自行车，行驶2500公里，赶到莫斯科向沙皇亚历山大一世献礼。阿尔塔莫诺夫制造的自行车与法国人西夫拉克制造的车较相似。亚历山大一世见到阿尔塔莫诺夫制造的自行车，当即下令取消了他的奴隶身份。我国《清朝野史大观》中记载，中国人黄履庄曾发明过自行车。书中写道："黄履庄所制双轮小车一辆，长三尺余，可坐一人，不需推挽，能自行。行时，以手挽轴旁曲拐，则复行如初，随住随挽日足行八十里。"这就是世界上最早的自行车。不过世人多数都认为自行车的发明人是德莱斯。

外力驱动的汽车

汽车自19世纪末诞生以来，已经走过了风风雨雨的100多年。这100多年来，汽车发展的速度是惊人的，成为人类社会前进的动力，促进了社会的飞速发展。

如今，我们可以随心所欲地使用各种各样的、功能各异的汽车，但在汽车发明的初期，汽车只是一种新鲜的、比马车强不多少的新发明而已，甚至还有些人对汽车嗤之以鼻。不过，我们应该感谢那些为汽车发明者和普及者，是他们给我们带来了这种神奇的交通工具，也让我们认识了这种改变人类行动方式的交通工具。

随着人类的进步与发展，人们对自然界的认识越来越深，利用自然、改造自然的能力日益增强，人们不仅使用人力、畜力，还知道使用水力、风力。

1769年，法国人曾发明、制造了世界上第一辆蒸汽驱动三轮汽车。以后，英国人、美国人也制造了蒸汽汽车，并投入了公共运营，这是汽车发明的第一个里程碑。不过这种蒸汽汽车十分笨重，速度也相当慢，有点像现在的压路机一样笨重。

由于蒸汽汽车本身又笨又重，乘坐蒸汽汽车又热又脏，为了改进这种发动机。艾提力·雷诺在1800年制造了一种与蒸汽机不同的内燃机。1876年，奥托又发明了新的发动机，这种发动机具有进气、压缩、作功、排气4个行程，大大地提高了发动机效率。1879年，德国工程师卡尔·苯茨首次试验成功一辆苯茨专利三轮汽车。与此同时，苯茨与戴姆勒在1893年制作了世界上第一辆汽油发动机驱动的四轮汽车，后人尊崇苯茨和戴姆勒为汽车工业的鼻祖。苯茨和戴姆勒树立了汽车发明的第二个里程碑。

进入20世纪以后，汽车不再仅仅是欧洲人的天下了，特别是亨利·福特在1908年10月开始出售著名的"T"型车时，格局有所变化。这种车产量增长惊人，短短19年就生产1500辆。1913年，福特汽车公司还首次推出了流水装配线的大量作业方式，使汽车成本大跌，汽车价格低廉，使汽车不再仅仅是贵族和有钱人的豪华奢侈品了，它开始逐渐成为大众化的商品。至此，在20世纪30年代的美国，福特采用流水作业生产汽车，为汽车发展史树起了第三个里程碑。

如今，已有许多公司把各种先进技术和装备，如微型电子计算机、无线电通讯、卫星导航等新技术、新设备和新方法、新材料广泛应用于汽车工业中，汽车正在走向自动化和电子化。有了卫星导航系统，汽车可接收交通卫星的通信资料，确定汽车所在位置，从而自动提供最优行车路线，并且显示出交通图；有了雷达系统，汽车可以把障碍物的距离和大小告诉给驾驶员，这样停车就更容易；有了语言感知系统，汽车可以用图、表和声音告诉驾驶人员汽车每个部位的情况，此外，驾驶员还可按"音"行事，执行有关指令，等等。

有轨电车和无轨电车

19世纪，随着经济的发展，城市不断扩大，人口逐步增加。当时，世界上许多城市里的运输工具仍是大量的私人马车和公共的。于是，城市的交通就成为亟需解决的问题，许多人都想用一种新型的车辆替代用马拉的有轨公共车辆。

英、法、美、德等国都在研究用电车来代替马拉车。美国的铁匠达文波特，于1834年制造了一台用蓄电池供电的小型电动机，可驱动小型车辆在轨道上作短距离行驶。但由于价格昂贵，效率又低，没有能替代马拉有轨车。1837年，美国的德劳布特把马达装在轻便马车上，制作成了第一部电车模型。英国的达维德于1841年也发明利用电池的电力，带动前轮前进的电车。但是，这种用电池带动的电车，由于电池的容量有限，不能成为电车动力。

1881年，德国工程师冯·西门子在柏林近郊，铺设了第一条电车轨道，它靠其中一条铁轨通电，另一条铁轨作为回路。但这种线路对街上的交通太危险了，于是，西门子采用将输电线路架高的方式解决了供电和安全问题。1884年，美国工程师亨利发明了架空线，电车开始由有轨向无轨转变。后来经过不少人的改进，才出现了现在这种电车。由此可见，有些发明创造是几代科技人员智慧的结晶。

1884年，美国人范德波尔在多伦多农业展览会上试用电车运载乘客。他试用的电车，用一根带触轮的集电杆和一条架空触线输电，并以钢轨为另一回路的供电法。同年，美国的亨利发明了架空线和触线杆，使得电车更为先进了。

1888年，美国人斯波拉格在里士满用上述方法在几条马拉轨道车路线上改用电力牵引车行驶，并对车辆的集电装置，控制系统、电动机的悬挂方法及驱动方式作了改进，于是出现了现代有轨电车。19世纪90年代起，有轨电车在欧美等国代替了马拉车，并出现在亚、非、南美等洲的许多大城市中。

有轨电车很像火车，也是靠钢铁车轮行驶在铁轨上。为了避免铁轨妨碍其他车辆行驶，将铁轨做成下凹的形状，使它不凸出路面。电车由装在轮轴上的电动机驱动，由架在电线杆上的电线，通过车顶上一根类似辫子的集电杆将电源引到车内驱动电车，然后再让电动机的电流通过车轮和钢轨流回电厂。电车的主要优点是节省燃料、不污染城市空气，与公共汽车相比，运行成本低、使用寿命长，并具有较高的起动加速度和上坡能力，必要时还可实现把车辆的位能和动能转化为电能。

在第一次世界大战之前，世界上的大多数大城市或中等城市都有电车。由于这种电车的路轨是固定的，不能让路，在交通拥挤的街上造成诸多不便，巴黎、伦敦和纽约很快废弃了这样的电车。

大约从20世纪初起，大多数有轨电车就被无轨电车代替。无轨电车的外形与公共汽车相似，但是，车顶上要装有两根"辫子"，一根辫子从架空电线上引下高压直流电，供电动机驱动车辆，再让它从另外一根辫子里流回到电厂里去。无轨电车保留了有轨电车起动快、操纵方便、污染少等优点，又克服了车在铁轨上行驶，影响路面平整和其他车辆的缺点，在世界各地很快得到了发展。

风驰电掣的摩托车

摩托车相对小巧玲珑，作为个人交通工具骑乘舒适速度快，行车、停车都方便，在军事、体育竞技方面，也有大显身手之处。

摩托车的发明和汽车的发明几乎同时。他的发明人就是从事汽油机动力研究的，被后人称为汽车之父的德国工程师戈特利普·戴姆勒和他的助手威廉·迈巴赫。

19世纪，欧洲一些城市的大街上，到处行驶着烧煤的蒸汽汽车，这种车时速不快，又冒着黑烟，人们实在是无可奈何。但对它说反感也不容易，因为这种车毕竟比原来的马车好得多。人们幻想着其他的不冒烟的车辆问世，也有一些人付诸行动，不懈地坚持研究，试图找出其他类型的车，以替代燃煤的蒸汽汽车，戴姆勒就是这样一个人。

戈特利普·戴姆勒于1834年3月17日出生，是面包师的儿子，在少年时就对机械深感兴趣。他做过制枪匠学徒，后来在火车机车行业呆过，接着在斯图加特的综合技术学校学习，之后他到过法国和英国的多个机械公司工作。

1865年，戴姆勒被委任为技术经理，在这时，他认识了威尔海姆·迈巴赫，这次相遇对于两人来说，都是生命中的重大转折点。1869年，戴姆勒说服了公司雇用了迈巴赫。从此，他们成为密不可分的伙伴。

戴姆勒为了研制一种小巧而高效的内机燃机，毅然辞去了工厂职务，在另外一个专门研制机构中进行科学研究。1885年，戴姆勒制造出一台气冷型、以汽油为燃料的内燃机，两人把这台内燃机安装在以橡木为车架的木制自行车上，造出了世界上第一辆摩托车。戴姆勒于同年的8月29日获得专利，成为世界摩托车工业之鼻祖，而他的助手迈巴赫则是世界上第一位摩托车"骑士"。

这辆摩托车和现在的摩托车相比，不可同日而语。这辆摩托车的两个车轮不一样大，车后轮小，前轮大，并且是木制的，由皮带传动，外加一级齿轮变速。马鞍式的真皮坐垫橡木车架。离合器的结构是借助皮带传动的压带轮来控制的。压紧压带轮，动力传向后轮，驱动车子前进；放松压带轮，皮带打滑，即切断动力传递，车子停止前进。该摩托车最快时速为11.2公里。不过，这辆车有个特别之处，就是在车的两侧安装了两个小轮，以防止车向一侧倾斜。和现代摩托车相似的地方，只是安装上了一台汽油机而已，但是仅这一相同点就是一个了不起的发明。

由于这辆车没有弹簧等缓冲装置，所以在当时并不平坦的石头路面上行驶起来，不但没有舒适感，反而异常颠簸，有人甚至称它为"震骨车"。

19世纪末—20世纪初，早期的摩托车由于采用了当时的新发明和新技术，诸如充气橡胶轮胎、滚珠轴承、离合器和变速器、前悬挂避震系统、弹簧车座等，才使得摩托车具备了实用价值，因此在工厂批量生产，进而成为商品。

扬眉吐气的蒸汽轮船

18世纪中后期，瓦特在对蒸汽机进行了重大改进后，使这一机械成为在大工业中普遍应用的动力机。于是，英、美、法等国先后有许多人开始研究把蒸汽机装到船上去，用蒸汽作动力使船只前行。

在这方面，走在前面的是美国发明家菲奇，他在1787年参照木桨划水的原理后，制造了一艘多桨式汽船。后来，他又进行改进，于1790年制成了一艘时速可达12公里的大型桨式客运汽船。尽管这艘船配备了蒸气机，但仍然是用桨推动船行进，且速度又不稳定，不久就停开了。

继菲奇之后，富尔顿是对轮船发明做出重大贡献的杰出人物。富尔顿于1765年出生于美国的宾夕法尼亚州的兰卡斯特，少年时代的富尔顿的最大兴趣是搞发明。从小时候起，富尔顿就一直想制造一种不用人力和风力就能自动行驶的船只。14岁时，富尔顿进了一家珠宝商店当学徒，他还从一位制枪匠那里学到了制造汽车的技术和各种枪支的试验方法。17岁时，到费城学绘画，并在一家机器制造工厂里从事机械制图工作。

1787年，22岁的富尔顿前往英国伦敦学习绘画，正赶上瓦特50岁生日，瓦特请他去画一张肖像。就这样，他结识了蒸汽机发明家瓦特，并了解了蒸汽机的原理和作用，使他对机械技术产生了兴趣。在这段时间里，他边工作边自学高等数学、化学、物理学和透视图，还学习了法文、德文和意大利文。之后，他开始投入研制轮船的工作。

1803年，富尔顿在巴黎的塞纳河上初次试验了他的汽船。这艘船其貌不扬，船上的主要部位安放着一台烧煤的大蒸汽锅炉，看上去十分笨重。人们对这个丑八怪简直不屑一顾，称之为"富尔顿的蠢物"。这"蠢物"也真令人泄气，在塞纳河上吐气冒烟地走走停停，走了没多远干脆不动了。于是，第一次试航就在人们的哄笑声中结束了。

当富尔顿在法国的研究陷于困境的时候，美国的一些实业家邀请他回到美国进行研究。1807年，富尔顿离开欧洲，回到家乡，"富尔顿的蠢物"在大洋彼岸的美国得到了广泛的支持。同年，富尔顿终于在美国纽约建成了另一艘汽船"克莱蒙特号"。这艘船长45米、宽4米，是一艘比塞纳河中的船更神气的大家伙。然而，由于此前试验的多次失败，人们不相信这个庞然大物会成功地航行，仍把它嘲笑为"富尔顿的蠢物"。8月17日，是"克莱蒙特号"的试航日。那天，纽约市的哈得逊河两岸挤满了人群，原在众人的关注下，"克莱蒙特号"冒出滚滚黑烟，蒸汽机轰响起来，两舷的船桨随之在机器带动下开始划动，船慢慢驶离了码头。这时，船上的40名乘客和岸上的人群都欢呼起来。在船尾亲自操纵机器的富尔顿更是热泪盈眶，激动万分。

不料，刚开出不久，"克莱蒙特号"不动了。人们骚动起来，有人嚷道："富尔顿，你的那个蠢物真蠢啊！"富尔顿马上排除了故障。在人们的嘲笑声中，机器声又响起来了。一位贵妇人惊叫起来："天哪，那蠢物又动了！"是的，"克莱蒙特号"正以每小时9公里的速度破浪前进，机器的轰鸣声和浪花的飞溅声向人们证实，富尔顿成功了！

富尔顿发明的蒸汽轮船"克莱蒙特号",是用蒸汽机带动"明轮"推动船只前进的。所说的"明轮"就是安装在船两侧船外或船尾的形状象大车轮一样的桨叶,桨叶转动向后击水,利用水的反作用力推动船只前进。用明轮推进的船只,由于船两侧或船尾装有大桨轮,所以人们把这种船称为"轮船",这一称呼一直沿用到现在。

深海中的潜行者

人类很早就幻想像鱼儿一样在水中游戏,于是人类发明了船。然而,乘坐船只只能是在水面漂游,并不能在水中畅游,还是没有实现人类几千年的愿望。

人们尝试进行潜水艇的设计与制造,一直到公元1620年,荷兰物理学家科尼利斯·德雷尔,才成功地制造出人类历史上第一艘潜水艇。这艘潜水艇的船体是木质结构,外面覆盖着涂有油脂的牛皮,船内装有作为压载水舱使用的羊皮囊。下潜时,羊皮囊内灌满水;上浮时,就把羊皮囊内的水挤出去;航行时,就用人力划动木桨而行。但是,这艘艇还不能算作真正的潜水艇,只能算是潜水艇的雏形,所以德雷尔也被称为"潜艇之父"。

荷兰人柯尼留斯·凡·德雷贝肯定建造了一艘潜水艇。1615年,他在伦敦泰晤士河的河面下用桨划艇前进。英国国王詹姆士一世对此印象深刻。

1680年,意大利发明家博列里通过对鱼类的观察,发现大多数鱼能依靠鳔的缩小或膨胀来调节身体的比重,从而在水中下沉或上浮。当鱼要浮起来时,它便放松肌肉,使鳔变大,鳔内充满了空气,鱼所受到的浮力就大,鱼也就能浮起来;如果收缩肌肉,鳔变小了,浮力减小,鱼就下沉。鳔内一定量的气体还能使鱼体比重与水环境的比重相等,这样鱼就会停留在原地,既不上升也不下降。这一发现无疑对潜水艇的研究大大推进了一步。

另一艘著名的早期潜水艇"海龟号"是美国人达维·布什内尔于1755年建造的。它由一个螺旋桨驱动,螺旋桨由驾驶员转动的手轮来发动。

美国独立战争时期，有一名耶鲁大学毕业生大卫·布什内尔，为了研究用潜水船打击英国舰队的方法，而发明了一种木制的"美洲海龟号"潜水艇。"美洲海龟号"潜水艇形似鹅蛋，尖头朝下，艇内仅容一人，艇底设有水柜和水泵，另装有手摇螺旋桨，艇外还挂有炸药桶。为了控制潜艇的上浮和下沉，艇内设有压载水舱，用手泵控制水柜内的水量。为应付紧急情况，艇内装有一块90000克重的铁块，危急时刻只要抛掉铁块，潜艇就可以迅速上浮。尽管"美洲海龟号"潜水艇并没有取得战果，但它揭开了潜水艇实战的序幕，成为世界第一艘军用潜艇，从此人类的战场也从陆地、水面发展到了水下。

18世纪末—19世纪初，潜水艇的研制进入了重要的发展时期。1800年左右，爱尔兰裔的美国人罗伯特·富尔顿受到拿破仑的赞助，制成了"鹦鹉螺号"潜水艇。与"海龟号"潜水艇相同，仍以手摇螺旋桨的方式运行，但"鹦鹉螺号"潜水艇的外壳是铜质的，框架是铁质的，艇长6.89米，最大直径3米，形如雪茄，艇中央有指挥塔，水面用风帆推进，水下用人力螺旋桨推进，用压载水柜控制浮沉。它首次安装上了直到现在仍在使用的水平舵，能加深潜水艇下潜的深度，在下潜深度与载客量上均比"海龟号"潜水艇略胜一筹。

工业革命后，机器动力取代人力，潜水艇也同样开始尝试使用机器动力来提高航行性能。1863年法国的"潜水夫号"、1897年美国人霍兰设计的"霍兰号"潜艇都是工业革命的动力产物。"霍兰号"艇长约15米，装有45马力的汽油发动机和以蓄电池为动力的电动机、可水下发射的3枚鱼雷、2门一前一后发射的火炮，潜艇上共有5名艇员靠操纵潜艇自身去对准目标，如此一来，"水下大炮"就成为隐匿在海底下的秘密武器了！这艘潜艇在水上航行平稳，下潜迅速，机动灵活，综合性能良好，在潜水艇发展史上获得了前所未有的成功，被公认为"现代潜艇的鼻祖"。

冰海中的开路者

随着航运事业的发展，在临近寒带的港口或海面冬季的结冰，对航运构成了威胁，为了维持冬季航运，人们急需一种破冰的办法。

为了在冰封的海面上航行。16世纪，俄国的一个沿海地区，有人采用了一种具有雪橇形船首的破冰渡船，船上满载石块或冰块，用人力或畜力牵引，翘起的船身可爬上冰面，用船体重量把冰压破。

俄国的发明家布利特涅夫，看到这种办法受到启发，在1864年制造了第一艘破冰轮船"巴依洛德"号。它由一艘钢板轮船改装而成，船首有一倾斜角度，使船头不直接碰撞冰块，而像铁铲一样，船上装有发动机。"巴依洛德"号很容易爬上冰面，利用船身重量把厚冰压破，这就是世界上最早的破冰船。同时，这艘破冰船在冰封的芬兰湾进行了成功的航行，从此树立了破冰航行历史的里程碑。此后，破冰船的建造开始发展起来。1871年，德国造船工程师参考布利特涅夫的破冰船图纸，研制成用于港口附近和近海破冰的破冰船。19世纪末，世界各国建造了近40艘破冰船。

英国为俄国建造的"叶尔马克"号破冰船，是第一艘在北极航行的破冰船。

破冰船的长宽比例同常规海船大不一样，纵向短，横向宽，这样可以辟开较宽的航道。一艘排水量在37000吨、拥有7.35×107瓦的现代破冰船，长度为194米，而宽度则达32.2米。破冰船船头外壳用至少5厘米厚的钢板制成，里面用密集的型钢构件支撑，船身吃水线部位用抗撞击的合金钢加固。

破冰船一般常用两种方法破冰，当冰层不超过1.5米厚时，多采用"连续式"破冰法。这主要靠螺旋桨的力量和船头把冰层劈开撞碎，每小时能在冰海航行9.2千米。如果冰层较厚，则采用"冲撞式"破冰法。冲撞破冰船船头部位吃水浅，会轻而易举地冲到冰面上去，船体就会把下面厚厚的冰层压为碎块。然后破冰船倒退一段距离，再开足马力冲上前面的冰层，把船下的冰层压碎。如此反复，就开出了新的航道。用燃料油为动力的破冰船，多采用柴油机带动发动机发电，电动机驱动螺旋桨（组合机组驱动），驱动功率可达上百万瓦，可以满足较长时间破冰航行的需要。

破冰船在船尾和靠近船头的侧位，分别各装两只螺旋桨，船头螺旋桨从冰下将水抽出，削弱冰层的支托并使其成为片状裂开。船在后两只螺旋桨的推动下前进。破厚冰的破冰船，为使船可以冲到冲层上面，多在船尾两侧对称地装两只螺旋桨。

由于很多海域在冬季都会出现结冰的现象，所以很多国家都有破冰船，一些靠近北极的国家还拥有专门的北极破冰船。俄罗斯拥有7—8艘核动力极地破冰船，可执行任务的有6艘。1957年，前苏联制造出第一艘核动力破冰船——"列宁"号。它的动力心脏是热核反应堆，高压蒸汽推动汽轮机，带动螺旋桨推动航船。如果核动力破冰船带上10千克铀，就相当于带上25000吨标准煤，可以在远离港口的冰封海域常年作业。美国海岸警卫队的中型极地破冰船队主要有3艘船组成，其中，"希利"号堪称美国时下最新、最强的破冰船。此外，英国、挪威、加拿大、日本、芬兰等国也拥有自己的破冰船。我国的"雪龙号"也是极地破冰船。

天空中的热舞者

最早把人们送入空中的是气球。人们乘坐气球，第一次感受到了像鸟飞行一样的快乐和自由。

气球是一种轻航空器，航空学家们称轻于空气的航空器为轻航空器。气球的重量要比同体积的空气重量轻一些，因此，气球是轻航空器。最早的热气球是由法国的蒙特戈菲尔兄弟发明创造的，这对兄弟是里昂的造纸工人。

蒙戈菲尔兄弟被炉火中不断升起的纸屑激发了灵感，遂将热气聚于纸袋中，以使纸袋随气流飞升。他们兄弟在经过一系列大规模的试验后，热气球的研制终于取得了成功。1783年初夏，经他们改进后的圆周为110英尺的模型气球已经可以飞行1.5英里。

1783年11月21日，德国医生罗奇埃驾驶蒙戈菲尔兄弟的热气球，在巴黎进行了世界上第一次载人飞行，乘客是达兰德斯侯爵，航程4英里，飞行留空时间25分钟。可以说，早在莱特兄弟的飞机发明前120年，热气球便已引导人类开始了最初的飞翔。

年轻的物理学家查理教授从前人的研究中得知，氢气是空气中最轻的一种气体，人类可能利用氢气飞行。当时，法国工程师罗伯特兄弟已研究出在丝绸上涂橡胶的方法，这是当时最好的不透气材料。在罗伯特兄弟的帮助下，查理造出了世界上第一个氢气球。但是，该气球在首次试验中不久就爆炸了。在场观看者曾有人质问："气球有什么用呢？"美国科学家、外交家本杰明·富兰克林作为当时观看者之一，以一句著名的话反问道："一个刚出生的孩子又有什么用呢？"

查理并没有气馁，他认真研究了失败的原因，发现是气球升到高空时空气压力降低、气囊内氢气剧烈膨胀而引发的爆炸。于是，他在气囊上安装了排气用的通气管，还为气球配装了砂袋和气阀，以控制飞行状态。1783年12月7日，查理和马里·诺埃尔·罗伯特，乘坐改进后的氢气球完成了氢气球的首次载人飞行。

尽管气球能把人送入天空，可气球并不能按人的意愿自由操纵，飞天的气球也只能给人们带来一种飞天的快乐，并没有更多的实际意义。不过气球的诞生，已经成为人类登天翱翔的第一步，它预示着人们自由翱翔蓝天的时代已经到来。

在当代，热气球已经成为热爱者的一项运动，有许多爱好者钟爱这项运动，在世界许多地方都能看到他们的飞行比赛或表演。

据记载，我国古代三国时期的诸葛亮就发现了热气球升空的原理，并在一次战役中，运用这种原理而制成了可以升空漂移的纸灯，以此来传送书信。因这种灯是由诸葛亮发明的，所以，人们称这种灯为孔明灯。相传，当年诸葛孔明被司马懿围困于阳平，无法派兵出城求救。诸葛亮算准风向，制成会飘浮的纸灯笼，系上求救的标志，其后果然脱险，于是后世就称这种灯笼为孔明灯。另一种说法则是这种灯笼的外形像诸葛孔明戴的帽子，因而得名。

孔明灯出现在公元200年左右，这比欧洲人发明的热气球要早1000多年。不过，欧洲人的发明却奠定了人类飞天的基础，而中国人的热气球原理却没有得到发展，孔明灯只是作为一种喜庆的玩具流传下来。

疾风中的展翅者

飞机的发明者奥维尔·莱特曾说："我们的成功完全要感谢那位英国绅士乔·凯利，他写的有关航空的原理，他出版的著作，可以说毫无错误，实在是科学上最伟大的文献。"乔治·凯利就是著名的空气动力学专家，被世人公认为空气动力学之父。

凯利10岁时，听说法国人罗齐尔作了第一次载人气球飞行，便开始对航空产生了兴趣和向往。1792年，他使用一种玩具作了一连串试验，这种玩具名叫"中国飞陀螺"。1804年，他写了第一篇有关人类飞行原理的论文。

凯利提出，现代飞机不应模仿鸟类振翼而飞，而应采取固定翼飞机加推进器的模式。在他的论文中详尽地描述了现代飞机的轮廓，为后来的空气动力学奠定了基础。他认为，适当的稳定性要在设计翼面时取一点点角度而获得，这就是现代飞机的上反角。机尾必须有垂直和水平的舵面，这同现代飞机完全相同。困扰凯利多年的问题就是没有合适的动力，当时的蒸汽机又大又笨重，根本不可能将凯利的飞机送上天空，他不得已转向了载人无动力滑翔机的研究。

1801年，他开始研究风筝和鸟的飞行原理，1809年试制了一架滑翔机。他记述说，滑翔机不断地把他带起，并把他带到几米外的地方。1847年，已是76岁的凯利制作了一架大型滑翔机，两次把一名10岁的男孩子带上天空。一次是从山坡上滑下，一次是用绳索拖曳升空，飞行高度为2—3米。4年后，由人操纵的滑翔机第一次脱离拖曳装置飞行成功，凯利的马车夫是第一个离地自由飞翔的人，飞行了约500米远。

凯利对飞行原理、空气升力及机翼的角度、机身的形状、方向舵、升降舵、起落架等都进行了科学的研究和试验，他首次把飞行从冒险的尝试上升为科学的探索。

俄罗斯的发明家莫扎伊斯基，曾对海船的螺旋桨和鸟类的飞行进行了长时期的研究。在制造飞机之前，他按照自己的设计缩小做了许多模型飞机，这些模型具有现代飞机的各个基本部分，三个螺旋桨是由钟表发条带支的。这些模型不但能在地上滑跑，而且还能凌空翱翔。模型飞机的试验证实了他在飞机大小形状、螺旋桨拉力和重量等方面所作的计算和推测，并据此设计和制造了自己的第一架飞机。1882年7月20日，在彼得堡附近的红村，由他设计的滑翔机终于飞上蓝天。

奥托·李林塔尔是德国工程师和滑翔飞行家，世界航空先驱者之一。他最早设计和制造出实用的滑翔机，人称"滑翔机之父"。

李林塔尔，1848年5月23日出生于安克拉姆，青少年时曾做过"飞人"实验，成年之后，用业余时间系统观察飞鸟。1889年，李林塔尔写成了著的《鸟类飞行——航空的基础》一书，论述了鸟类飞行的特点。

李林塔尔注意积累数据，总结经验，纠正了前人"多层叠置窄条翼"的片面做法，第一次提出了"曲面机翼比平面机翼升力大"的观点，为后来飞机的成功发明做出了决定性的贡献。

1914年，德国人哈斯研制出第一架现代滑翔机，它不仅能水平滑翔，还能借助上升的暖气作爬高飞行，并且其操纵性能更加完善。从此，滑翔机进入了实用阶段。在第二次世界大战期间，滑翔机曾用来空降武装人员和运送物资。今天，它主要用于体育航空运动。

莱特兄弟的梦想

自古以来，人类就有在天空中飞翔的梦想，也有许许多多美丽的传说，也做过无以计数的实验，甚至有人为此献出了宝贵的生命。但是，终因人类对世界的科学认识有所局限，所以人类的千年飞天梦想一直到近代也没有实现。

工业革命以后，科学技术得到了迅猛的发展，人们对世界的了解和认识不断加深，才在18世纪后期进入了实现飞天梦想的边缘。

气球、气艇的发明使人们看到了自由翱翔蓝天的前景，人们对翱翔蓝天有了更充分的信心，有许多勇于实践的人都在研究更安全的、更先进的、更具实际用途的飞行器。

18世纪以来，就有德国的李林塔尔、俄国的莫查伊斯基、茹科夫斯基、英国的凯利、美国的兰利、查纽特、法国的阿代尔等一大批航空科学的先驱者们在研制新一代的航空器。他们的实践、研究成果，为新一代航空器的诞生提供了充分的理论和经验。

李林塔尔是工程师和滑翔飞行家，他最早设计和制造出实用的滑翔机，第一次提出了"曲面机翼比平面机翼升力大"的观点，为后来飞机的发明成功做出了决定性的贡献。

凯利首先提出了利用固定机翼产生升力以及利用不同的翼面控制和推进飞机的设计概念。这是多年来尝试的由飞机扑翼方案转向定翼构型方案，也是使飞机走向成功的关键一步。

牛顿说过："如果说我所看到的比笛卡尔更远一点，那是因为我站在巨人肩上的缘故。"

美国的莱特兄弟，就是站在巨人肩上的伟大发明家。莱特兄弟出生在一个牧师的家庭里，他们兄弟没有接受过高等教育，兄弟俩开了一家自行车修理铺。

由于他们俩从小养成了动手动脑、喜欢创新发明的习惯，为他们的创造发明打下了有益的基础。他们对那些探索航空的先驱者惊羡不已，也对航空器的发明产生了浓厚的兴趣。他们自学德文，读起了李林塔尔的著作，学习了先驱者们探索的理论。他们在小小的自行车修理铺里研究、制造着人类从没有见过的飞机。

他们在前人研究的基础上，经过不懈的努力，终于在1903年12月17日这一天，亲手把他们研制的"飞行者"1号飞机送上了天空，开创了人类航空的新时代。

"飞行者"1号是一架普通双翼机，它的两个推进式螺旋桨分别安装在驾驶员位置的两侧，由单台发动机链式传动。1904年，莱特兄弟制造了装配有新型发动机的第二架"飞行者"，在代顿附近的霍夫曼草原进行试飞，此次飞行的最长持续时间超过了5分钟，飞行距离达4.4千米。1905年，莱特兄弟又试验了第三架"飞行者"，由威尔伯驾驶，持续飞行时间多达38分钟，飞行距离长达38.6千米。

飞机发明后不久，就首先用在了第一次世界大战的战场中，在战争中，飞机的制造技术和制造业得到了迅猛的发展。正是在这一时期，又有许多新式飞机不断地被发明出来。

超越音速的客机

20世纪50年代末，进入喷气式客机时代，波音707、DC-8、"快帆"等喷气式客机趋于成熟，国际民航界就不断追求飞行速度的提升，对超音速运输机市场前景也十分乐观，飞机制造公司和设计师又把注意力集中在超音速客机上。

如果民航客机能够实现超音速飞行，将使飞机速度提高2倍以上，大大缩短长途飞行的时间。20世纪60年代初，英国和法国开始联合研制协和超音速客机，美国、前苏联也各自开展研制超音速客机的计划。但是，超音速客机的命运并不像亚音速客机那样一帆风顺。在经过了近

20年的努力后，只有2种超音速客机在航线上使用，这就是英法联合研制的协和式飞机和前苏联的图-144型飞机。

1969年，第一架协和超音速客机诞生，并于1976年1月21日投入商业飞行。协和式超音速客机是世界上率先投入航线上运营的超音速商用客机，这种飞机只生产了20架。

协和式飞机共有4台涡轮喷气发动机，最大飞行速度可达2.04马赫，最大载重航程5000公里，客座数为100—140个。

协和式飞机采用无水平尾翼布局，为了适应超音速飞行，飞机的机翼采用三角翼，机翼前缘为S形。三角翼的特点为时速临界点高，飞行速度可以更快，能有效降低超高速抖动时的问题。飞机前机身细长，这样既可以获得较高的低速仰角升力，有利于起降，又可以降低超音速飞行时产生的阻力，有利于超音速飞行。该飞机由于机头过于细长，飞行员在起降时会受高仰角的影响而导致视线盲区，为了扩展起降视野，机头设计成可下垂式。

由于经济性差、载客量偏小、运营成本较高以及噪音问题，最终只有英国航空公司和法国航空公司使用协和式飞机投入航线运营，运营的航线是跨越大西洋飞行。2000年7月25日，法国航空公司的一架协和式飞机在巴黎戴高乐机场起飞后两分钟起火坠毁，机上100名乘客，9名机组成员全部遇难，地面另有4名受害者。到2003年，尚有12架协和式飞机进行商业飞行。2003年10月24日，协和式飞机在执行了最后一次飞行任务后，宣告全部退役。

前苏联研制的超音速客机晚于协和式飞机，但首次试飞却早于协和式飞机。1960年初，当前苏联得悉美国、西欧准备研制超音速客机后，便仓促进行研制超音速客机。

前苏联由图波列夫设计局研制的图-144型飞机在外形上与协和式飞机非常相近，图-144的巡航速度为2.35马赫，最大航程6500千米，载客140人。1968年12月31日，第一架原型机制成并进行了试飞，创下了一项世界纪录。经过大约3年的试飞，图-144进行了重大的改动，并于1973年投入批量生产。1973年6月3日，图-144型飞机在参加巴黎国际航空展览时，突然坠毁，机上人员全部遇难。

图-144的坠毁是超音速客机第一次发生的重大事故。这一事件使前苏联推迟了该机交付民航使用的时间表。直到1976年12月，图-144型飞机才开始在国内航线上使用，但主要是用来进行货运和邮运。1977年11月，大约在百余次飞行之后，又因发生事故而暂停飞行。

现在，超音速客机在航空史上，经过短暂的亮相后又退出了人们的视野。目前，只有美国、日本还在研究超音速客机，他们对于研制更经济、更安全、更实用的超音速客机充满信心。

空中悬停的直升飞机

在救灾抢险、地址探矿、野外施工、科学探险等现场经常出现直升机的灵活身影。直升机像一只蜻蜓一样，上下左右来往自如，既可以在空中悬停，又可以在简单的条件下起降，同时还可以快速地执行各种艰巨的任务。

这种飞机自发明以来受到了人们的欢迎，在世界各国迅速得到了广泛的应用。世界上第一架实用直升机的发明者，是出生在俄国的基辅的伊戈尔·伊万诺维奇·西科斯基。

伊戈尔·伊万诺维奇·西科斯基，世界著名飞机设计师及航空制造创始人之一，他一生为世界航空做出了相当多的功绩，而其中最重要的则是设计、制造了世界上第一架四发大型轰炸机和世界上第一架实用直升机。

西科斯基于1889年5月25日出生，从小就沉迷于航空，尤其对达芬奇所画的直升机原理图和从中国传来的竹蜻蜓小玩具特别感兴趣。12岁那年，小西科斯基就制作了一架以橡皮筋为动力的直升机模型，显示了机械创造的天赋。长大后，他就读于彼德堡海军学校和基辅工业学院。

莱特兄弟发明了世界上第一架载人动力飞机后，1908年，威尔伯·莱特驾机来到巴黎做飞机表演，西科斯基有幸目睹了前辈们的英姿，于是决定要自己动手制造这种"会飞的机器"。

1909年，他开始研制直升机，但在当时发动机和飞行理论的水平下，研制直升机根本不可能成功。经过多次失败后，西科斯基不得已停下来，转而研制固定翼飞机，他在这个阶段研制了许多不同类型的飞机。

1913年5月26日，西科斯基亲自驾驶着名为"俄罗斯勇士"的四发大型飞机飞上蓝天，飞行高度122米，时速104公里，这架飞机也是第一架拥有封闭驾驶舱和客舱的飞机。

在"俄罗斯勇士"的基础上，1913年底，西科斯基制成了"伊里亚·穆罗梅茨"重型轰炸机，这种飞机能载400公斤炸弹，这在当时是最多的载弹量了，也是世界上第一架大型轰炸机。机上装有8挺机枪，机组成员4—8人。第一次世界大战爆发时，俄军中共有4架这样的飞机投入作战使用，至1918年，共生产了73架。

1919年，西科斯基移居美国，1923年组建了西科斯基航空工程公司，但并不成功，公司也不景气。1928年他加入了美国国籍，并于次年组建了西科斯基飞机公司，开始研制水上飞机，先后研制成功多种型号的水上飞机。

在积累了无数教训和经验、创造了多次辉煌后，西科斯基仍没有忘记儿时的梦想，又回到了直升机的研制中。不到3年功夫，他便解决了直升机的最大难题——飞机在空中打转儿的毛病。他巧妙地在机尾装了一副垂直旋转的抗反作用力的小型旋翼——尾桨，终于使直升机飞上了蓝天。

1939年9月14日，年过50岁的西科斯基身穿黑色西服，头戴鸭舌帽，爬进座舱，轻松地把一架直升机升到空中，并在空中平稳地悬停了10秒钟之久，然后轻巧地降落回地面。这在航空史上是崭新的一章，他成功地让世界上第一架真正的直升机——VS—300升空了。经反复试飞，VS—300具有良好的操纵性能，具备了现代直升机的基本特点。

铁路之父的卓越贡献

今天，当一列列火车风驰电掣般地从我们面前闪过，迅速地从视野消失驶向远方时，我们禁不住会发出由衷的赞叹，发明火车的人真是了不起，为后人留下这种既快速又方便舒适的交通工具。

欧洲工业革命以后，机器大工业需要大量的燃料、原料，同时，也要把生产出的大量产品运往各地。当时，运输主要依靠水上的船舶和陆地上的马车。这种运输方式与大工业的需要极不相称，远远满足不了工业原料集中和产品集散的需要，机器大工业呼唤着现代运输工具的诞生。

那时，铁路已诞生，可是行走在铁路上的车大部分是用马拉的。1783年，瓦特的学生默多克造出了1台用蒸汽机作动力的车子，但效果不好。1807年，英国人特里维希克和维维安成功制造了用蒸汽机推动的车子，可太笨重，难以在普通的道路上行走。直到1814年，放牛娃出身的英国工程师斯蒂芬森造出了在铁轨上行走的蒸汽机车，火车才正式诞生。

1781年，斯蒂芬森出生于一个工人家庭。14岁那年，斯蒂芬森来到煤矿，当了一名见习司炉工。他很喜欢这个工作，别人下班了，他却认真地擦洗机器。多次的拆拆装装，使他掌握了机器的结构。他渴望掌握更多的知识，辛勤工作一天后，就去夜校上课。他聪明好学，勤奋钻研，很快掌握了机械、制图等方面的知识。

当斯蒂芬森得知特里维希克和维维安造出了在普通道路上行走的蒸汽机车，但由于车子过于笨重，在普通道路上难以行驶的消息后，斯蒂芬森总结他们失败的教训，开始研制蒸汽机车。他改进了产生蒸汽的锅炉，把立式锅炉改成卧式锅炉，并作出了一个极有远见的重大决定，把蒸汽机车放在轨道上行驶，在车轮的边上加轮缘，防止火车出轨，又在承重的两条路轨间加装了一条有齿的轨道。

1814年，斯蒂芬森的蒸汽机车火车头问世了。他发明的这个铁家伙有5吨重，车头上有一个巨大的飞轮。这个飞轮可以利用惯性帮助机车运动，斯蒂芬森为他的发明取了个名字叫"布鲁克"。这个"布鲁克"可以带动总重约30吨的8个车厢。斯蒂芬森的新发明也有很多缺点，首先是震动太大，其次是速度慢。斯蒂芬森经过改进，重新设计了一辆火车，终于造出了一辆新的更先进的蒸汽机车，并将它命名为"旅行号"。

1825年9月27日，在英国的斯托克顿附近挤满了4万余名观众。忽然人们听到一声激昂的汽笛声，一台蒸汽机车喷云吐雾地疾驶而来，后面拖着12节煤车和20节车厢，车厢里坐着450名旅客。斯蒂芬森亲自驾驶世界上第一列火车，大地在微微颤动。观众惊呆了，不相信眼前的这铁家伙竟有这么大的力气。这列蒸汽机车以每小时24公里的速度，从达灵顿驶到了斯托克顿，铁路运输事业从这天揭开了首页。

此时，火车的优越性已充分体现出来了，它速度快、平稳、舒适、安全可靠，随即在英国和美国掀起了一个修筑铁路、建造机车的热潮。

仅1832年1年，美国就修建了17条铁路。蒸汽机车也在这段时间前后有了很大的改进，从最初斯蒂芬森建造的2对轮子的机车，一直发展到5对，甚至6对轮子。斯蒂芬森继续作为这个革命性运输工具的发明者和倡导者，解决了火车铁路建筑、桥梁设计、机车和车辆制造的许多问题。直到今天，火车仍然是世界上重要的运输工具。

清洁舒适的电力机车

1866年，德国工程师西门子与技师哈卢施卡联合创立电机公司，发明强力发电机，制成世界上第一列电力机车。第二年，在巴黎博览会上展出，震惊了许多人。

1879年，在柏林的工商业博览会上，这辆世界最早的电力火车试运行。列车用电动机牵引，由带电铁轨输送电流，功率为3马力，一次可运旅客18人，时速7公里。1881年，柏林郊外铺设了规模虽小，却为世界最初营业用的电车路线。同时德国又试验成功驾空接触导线供电系统，使电力机车的供电线路由地面转向空中，机车的电压和功率都大大提高。

1895年，在美国的巴尔的摩——俄亥铁路线上首次出现了长途电力机车。机车重96吨，1080马力，采用550V直流电作为动力。

1901年，西门子、哈卢施卡电机公司制造的电力机车在柏林附近创造了时速160公里的记录。

电力机车由于速度快、爬坡能力强、牵引力大、不污染空气，因此发展很快。地下铁路也随着电车的出现而得以发展。

1897年，德国工程师狄塞尔发明了一种结构更加简单、燃料更加便宜的内燃机——柴油机，这种柴油机虽比使用汽油的内燃机笨重，却非常适用于重型运输工具。于是，内燃机车问世了，并逐步代替蒸汽机车，直至20世纪末，蒸汽机车经过百余年的风雨退出了营运，进入了交通博物馆。

当今，各种动力的、各种类型的机车还在网络般的铁路上奔驰，火车仍然是便捷、快速、安全、大运量的交通工具。

力挺钢铁长龙的铁轨

轨道最早是埃及人发明的。5000多年前，古埃及人就发现由于车轮在道路上行走，会压出两道车辙，这时，车辆在正好宽度的车辙里行走会更省力一些。

古埃及人受此启发，在石头上凿出凹槽铺在路上，从而成了最早的车轨。1500年，出现了木轨，人们把坚硬的木头加工成木轨道，铺在矩形的横木上，再把轮子挖成凹形，使之正好嵌在木轨道上，这样不宜使轮子滑离轨道，比路面上铺石头凹槽的轨道更便于使用。

16世纪以后，英国出现了把煤运进煤仓里的木轨道，因为木轨道容易磨损，他们就把木制的轨道包上了一层硬质的木材，这样轨道磨损后，只要更换硬木就可以了，不必更换木轨道，这一方法即节省了时间又节约了费用。当时，英国和德国的许多矿山、采石场就铺有用木材做成的路轨。在轨道上行走的车是靠人力或畜力驱动的。

1767年，英国的金属大跌价，有家铁工厂的老板看到堆积如山的生铁，既卖不出去赚不了钱，又占用了很多地方，就令人浇铸成长长的铁条，铺在工厂的道路上，准备在铁价上涨的时候再卖出去。人们发现车辆走在铺着铁条的路上，既省力，又平稳。这样，铁轨先于火车诞生了。

以后，又有人把铁条换成了铸铁的轨道。可是，生铁是一种很脆的的金属，机车的重量很容易把这种生铁浇铸的铁轨轧断，这就使有些矿井拒绝购买这种运煤的机车和轨道。

1821年，摩尔佩思钢铁厂的工程师，改进了轧制熟铁轨的方法，制出了每根长4.575米长的铁轨，这种铁轨铺在路上接头少，在重压下也不会断裂。1821年，英格兰北部地区从斯托克顿到林顿的铁路线上就铺设了这种铁轨。

在铁条上行车毕竟不是很方便的。于是，铁条得到了改进，被制成凹槽形的铁轨。这种轨道可以防止车轮滑出，但容易在凹槽中积上石子、煤屑，铁轨很容易损坏。随后，人们把铁轨制成了上下一样宽、中间略窄的形状。这样，铁轨既不易积起垃圾，又不容易损坏。但是，这种轨道在实际使用中不是很稳，铁轨受到冲击容易翻倒，从而导致车辆出轨翻车。

1830年，美国工程师设计出了"工字型"钢轨，这种钢轨保险系数大，经久耐磨。此后，全世界都用上了这种钢轨，并一直沿用到今天。

火车入地的构想

19世纪40年代，英国伦敦市区的人口剧增，高楼林立，车水马龙，交通非常拥挤，经常发生交通事故。人们不断抱怨、指责当局的交通的设施和管理工作。

1860年，伦敦市政府终于批准了被拖延了很长时间的、由律师查理斯设计的建造地铁的方案。3年后，世界上第一条地下铁道在伦敦建成并投入运营。从此，地铁相继出现在世界各大城市，火车在城市地下奔驰，城市交通拥挤得到了有效缓解。

1809年3月，查理斯出生在英国伦敦一个工人家庭。他大学毕业后，成为了一名法官，每年都要处理很多因车辆拥挤引起的纠纷和事故。他与许多市民一起，积极投入到为解决交通拥挤而献计献策的行列中。

查理斯常常站在伦敦街头，注视着那些穿梭往来的马车。他想，马车载人少，而且行走速度慢，自然容易引起交通堵塞。要是城市的交通工具是火车，那该有多好啊！可是，火车又怎么能跑进城市呢？有一次，他在半夜起床上卫生间，发现墙角边有一个老鼠洞，而且一直通到墙外，有一只老鼠正在洞里跑进跑出。查理斯不由自主地说："老鼠真厉害，不但能在地上活动，还能在地下跑……"这时，查理斯迸发出智慧的火花。他突然想到，要是火车开进城市，虽无法在地面上跑，但能不能让它转入地下行驶呢？

1847年，查理斯经过缜密的分析，确认"让火车入地"是一个大胆而又可行的设想后，他毅然辞职，独自在家专心致志地开始设计在城市开挖地下铁道的方案。

1860年，伦敦政府组织了一支900人的施工队伍，开始在伦敦修建地下铁道。当时的地铁线路采用了原始的地铁建造方法，即先挖掘一条深沟，然后封盖工序来建造的。

建造初期，许多市民反对，他们不相信地下铁道能建造成功，而且不少市民还感到惊恐不安，担心在马路中心揭开路面会危及人身和房屋的安全。市民们的担心显然是多余的。经过3年的努力，1863年1月10日，地下铁道建造成功。路旁的房屋没有倒塌，挖开的路面修复如初，车辆照常来来往往，只是在路面之下多出了车轮的滚动声和汽笛声。

地铁是由蒸汽机车牵引的，车厢是由木材制成的，客车车厢内是用煤油灯照明的。居民们争先恐后前去乘坐地铁，伦敦的交通拥挤很快得到了缓解。

即使这段路程只有6.5千米，这条线路也是非常成功的，因为它第一年就运载了950万乘客。

可是，没过多久，居民对乘坐地铁不感兴趣了，又宁愿乘坐马车了。这是因为，地铁的蒸汽机排出的水蒸汽、燃料燃烧产生的烟雾，煤油灯泄漏的煤气全部集聚在隧道内。地铁隧道内终日浓烟滚滚，气味呛人。"能不能发明一种不冒烟的列车，让它在城市里行驶呢？"为此，已是年近花甲的查理斯又开始对地铁设计进行改进。但是，查理斯终因积劳成疾，最后病死在地铁改进的图纸前。

后来，电动机车出现了。1896年，在匈牙利首都布达佩斯，诞生了世界上第一辆电动地铁。它因为没有污染，行驶速度快，深受城市居民的欢迎。从此，地铁相继出现在世界各大城市。英国伦敦的地下铁道也经过改造，目前这条铁路已延伸运至88.5千米，有61个车站，成为当今世界上最长的一条地下铁道。至今，它已经历了100多年的风风雨雨。

车轮的气压制动

100多年前，当火车发明后，在很短的时间里，就在欧洲和美国成为了重要的交通工具。但是，由于火车使用人力的刹车装置，火车的安全性能很差，经常出现一些安全事故。这使人们对火车产生了怀疑，也使得一些人研究并解决这个既恼人又恐惧的火车制动问题。

这年夏天，一列火车风驰电掣般地从波士顿开往纽约。这时，火车司机突然发现铁路前方的岔道上有一辆马车正在跨越铁路线，于是火车司机紧急鸣响了汽笛。不料，那匹马受了惊吓，又蹦又跳的，一下子把马车掀翻在铁轨上，情况万分紧急。

火车司机看见马车横在铁轨上，急忙去拉刹车闸，可是，火车怎么也刹不住，巨大的惯性推着火车滚滚向前，只听"砰"的一声巨响，马车被撞翻了，车上的人被压死了，接着火车又向前冲了好长一段路才停下来。

司机满头大汗地从火车头中跳下来，摇着头对围上来的乘客们解释说："实在没办法，谁都没有那么大的力气一下子把闸拉死，制服这可怕的惯性！"。说完，他擦了擦汗，脸上露出无可奈何的神色。乘客们和看热闹的人都散开了，眼前的惨状却深深地刺激了一个年轻人，他就是铁匠的儿子佐志·威什廷豪斯。

火车又启动了，随着火车撞击铁轨发出的轰隆声，威什廷豪斯陷入了沉思："人既然能造出那么长、那么重、跑得那么快的火车，难道就没有办法使它很快地停下来吗？"

回到家乡，威什廷豪斯开始设计火车刹闸装置。他设计了好几个方案，并画了图，还用父亲的铁炉锻制、打造工具，试制着刹闸装置。但是，多种方案都失败了，火车产生的巨大惯性，一般的力量是无法制止的。威什廷豪斯并没有灰心，每次的失败都激励他去探索和寻找新的办法和思路。

有一天，他在报纸上看到一条消息：瑞士在铁路施工中应用压缩空气开凿隧道，加快了施工进度。这条消息立即引起了他的注意，在他心中顿时闪出道火花，"压缩空气的力量能开山劈岭，难道就不能用来制止火车的惯性吗？"。丰富的联想使他找到了一把钥匙，他要用这把钥匙打开研制火车制动问题的锁结。他虚心向有关专家求教，同时翻阅了大量有关资料，又进行了许多新的实验。经过多年的努力，他终于研制出一种利用压缩空气制动的新型火车刹闸装置。

世界上第一台压缩空气制动器就这样诞生了，并被广泛地应用到火车、汽车等交通工具上。当时，威什廷豪斯年仅22岁。

信号灯与斑马线

城市是人口集聚的地方，城市里高楼林立、道路纵横、人头攒动、车水马龙。当行人穿过十字路口时，川流不息的车辆和行人就会发生矛盾，有时会堵塞交通，甚至发生交通事故。为了维护十字路口的交通秩序，保障行人的安全和车辆的畅通，自古以来人们就寻找各种有效的办法。于是，斑马线和交通指示灯先后问世，并随着科技的发展不断地完善。

城市街道、人行横道上的一条条白线叫斑马线。斑马线源于古罗马时代的跳石。早在古罗马时期的庞培城的一些街道上，车马与行人交叉行驶，经常使市内交通堵塞，还不断发生事故。为此，人们便将人行道与马车道分开，并把人行道加高，还在靠近马路口的地方砌起一块块凸出路面的石头——跳石，作为指示行人过街的标志。行人可以踩着这些跳石，慢慢穿过马路。马车运行时，跳石刚好在马车的两个轮子中间。后来，许多城市都使用这种方法。

19世纪后期，随着汽车的发明，城市内更是车流滚滚，加之人们在街道上随意横穿，阻碍了交通，从前的那种跳石已无法避免交通事故的频频发生。20世纪50年代初期，英国人在街道上设计出了一种横格状的人行横道线，规定行人横过街道时，只能走人行横道。于是，伦敦街头出现了一道道赫然醒目的横线，这些横线看上去像斑马身上的白斑纹，因而人们称它为斑马线。司机驾驶汽车看到这一条条白线时，会自动减速缓行或停下，让行人安全通过。斑马线至今在街道上随处可见。

在十字路口指挥车辆和行人的信号灯，是维护十字路口交通秩序的有效设施。这种信号灯来自铁路。自从有了铁路，就出现了为沿某段轨道行驶的列车显示是否安全的信号灯。

1868年，发明家J·P·奈特产生了将这些信号灯应用于道路的想法。他在伦敦的议会大楼外设置了第一个交通信号灯。这些交通信号灯像铁路信号灯一样，有一个倾侧臂，并且用红色和绿色的煤气灯组合起来供夜晚使用。然而，当有个信号灯发生爆炸并炸死了一名警察后，这个计划就告吹了。

后来，由于汽车的发明以及交通量的不断增加，交通信号灯日益成为一种需要，特别是在美国。20世纪初，阿尔弗雷德·贝尼施开发出一种红绿灯系统，并且在美国俄亥俄州的克利夫兰进行了首批安装。后来，人们给设置于纽约的交通灯又增加了第三种颜色——琥珀色。1925年，交通信号灯重新出现了在英国。

同时，自动信号灯很快被开发出来。1926年，出现了用定时器加以控制的灯。6年后，又出现了采用由汽车通过道路上的压力垫而进行操作的信号灯。

现在，交通信号灯又有了新的发展。现代交通信号灯常常是由电脑来控制的。电脑与道路底下的交通检测器相连接，监视交通流量并测算出改变灯色的最佳时间。

跨越江河的桥梁

江河阻断了道路，给人们的行动带来了不便，自古以来人们就想办法跨越这大自然的拦截。原始人看到小河边树木折断、横卧河面，他们很方便地走过了横卧河面的树干，到了河的对岸，这也许就是最初的独木桥吧。桥梁的概念和主要功能也就在原始的阶段形成。不过，随着人类的进化，生产的发展，人们的生存活动的不断丰富，造桥的材料、技术又有了许多的创造和发明，并且这种发明从来有终止过，直到现在，造桥的技术仍然在不断地发展。

在古代社会，人们造桥的材料主要是天然的木材和石材，他们结合当地的环境，利用当地的天然木材或石材，比如，在接近森林的地方就用木材造桥，而像古埃及缺少森林的地区，他们就多用石材造桥。

据考证，公元前2000多年，巴比伦曾在幼发拉底河上建石墩木梁桥，其木梁可以在夜间撤除，以防敌人偷袭。在古罗马，G·J·恺撒曾因行军需要，于公元前55年在莱茵河上修建一座长达300多米的木排架桥。

古罗马时代的石拱桥，拱圈呈半圆形，拱石经过细凿，砌缝不用砂浆。由于不能修建深水基础，桥墩宽度对拱的跨度之比大多为1/3—1/2，阻水面积过大，因此所修建的跨河桥多已冲毁。西班牙境内有一座6孔石拱桥，名为阿尔坎塔拉桥，于公元98年建成，中间两孔跨度各约28米，桥面高出谷底52米，桥墩建在岩石上，至今完好。

我国河南新野安乐寨村1957年出土的东汉画像砖，刻有石拱桥图形，桥上有车马，桥下有两叶扁舟，证明当时已经修造跨河石拱桥。《水经注》也记载晋太康三年（282年）所建成的旅人桥，文中有这样的描述："桥去洛阳宫六七里，悉用大石，下圆以通水，可受大舫过也……隋开皇十五年至大业元年（595—605），建成净跨37.02米的赵州桥，至今已历1300多年而无恙。"

桥梁是线路的重要组成部分。在历史上，每当运输工具发生重大变化，对桥梁在载重、跨度等方面都提出新的要求，这就推动了桥梁工程技术的发展。19世纪20年代，铁路出现以后，天然的木材、石材已逐渐退出，钢筋、水泥成为了造桥的主要材料。1849年，英国在纽卡斯尔建成双层（上层为铁路，下层为道路）铸铁拱桥。

由于结构力学基本理论的建立，造桥的技术得以突破性的发展，焊接、预应力张拉、锚固、高强度螺栓等施工工艺和经验，使桥梁的建造进入了一个崭新的时代。由于现代交通发展的需要，人们已不仅仅在江河上架桥，而也在建造跨海大桥，建造城市里的立交桥、天桥，等等。

桥的概念也在不断的增添新的内涵，桥不仅是人和车辆通过水道的重要交通设施，在引水灌溉方面也另有用途，渡槽就是引水上山并间有行船的用途。从原始人发明独木桥开始，一直到现在，不能把桥梁的发明归于某一个人，桥梁始终是集体的智慧结晶，因此我们说是人类发明了桥梁。如今，桥梁已是必备的交通设施。

电力时代的主角

1820年，奥斯特成功地完成了通电导线能使磁针偏转的实验后，不少科学家又进行了进一步的研究：磁针的偏转是受到力的作用，这种机械力，来自于电荷流动的电力。那么，能否让机械力通过磁，转变成电力呢？著名科学家安培是这些研究者中的一个，他实验的方法很多，但犯了根本性错误，实验没有成功。

另一位科学家科拉顿，在1825年做了这样一个实验：把一块磁铁插入绕成圆筒状的线圈中。为了防止磁铁对检测电流的电流表的影响，他用了很长的导线把电表接到隔壁的房间里。现在看来，他的装置是完全正确的。但是，他犯了一个实在令人遗憾的错误，这就是电表指针的偏转，只发生在磁铁插入线圈这一瞬间，一旦磁铁插进线圈后不动，电表指针又回到原来的位置。所以，等他插好磁铁再赶紧跑到隔壁房间里去看电表，无论怎样快也看不到电表指针的偏转现象。

1831年8月29日，英国科学家法拉第获得了成功，使机械力转变为电力。他的实验装置与科拉顿的实验装置并没有什么两样，只不过是他把电流表放在自己身边，在磁铁插入线圈的一瞬间，指针明显地发生了偏转。他成功了，使磁铁运动的机械力终于转变成了使电荷移动的电力。法拉第试制了能产生稳恒电流的第一台发电机。

继法拉第发明最初的直流电动机的实验装置后，有不少人对电动机进行了类似的实验研究。亨利在1829年成功革新电磁铁之后，开始致力于电动机的研究。1831年，他在一次实验中也发现了感应电流。同年，亨利试制出了一台电动机的实验模型。亨利的电动机实验模型是继法拉第在1821年所制的那种模型后的一大进步，是向实用电动机发展进程中跨出的重要的一步。

亨利试制成功第一台电动机的实验模型之后，人们试图把这种电动机的实验模型转变成可供实用的电动机。1849年前后，当庞大而笨重的永磁式发电机已能为工业提供电源时，雅可比的双重式电动机即成为把电能转变为机械能的配套的动力机。当雅可比的双重式电动机与皮克希的永磁式发电机一齐运转之后，人们就从电力中获得了真正的动力。

1854年，丹麦电学工程师乔尔塞为在发电机中引入电磁铁进行了最初的尝试。他除了在发电机中装有永磁铁外，还加装了电磁铁，从而试制成功了一种永磁铁和电磁铁混合激磁的混激式发电机。

1857年，惠斯通试制成功了一种自激式发电机。这种自激式发电机的激磁机构完全采用电磁铁，而且磁铁所需的电力则由一个伏打电池组组成的独立电源来提供。这种自激式发电机的功率，当然要比永磁式发电机和混激式发电机的功率大得多。

在惠斯通的自激式发电机问世10年之后，一种真正的自激式发电机——自馈式发电机——相继在德国和英国发明了。在德国，发明自馈式发电机的是电学工程师西门子。西门子在英国人法拉第电磁感应作用原理基础上加以进一步研究，于1866年制成一架大功率直流电机。根据对自馈原理的最初设想，1867年，西门子试制出了第一台自馈式发电机，首次完成了把机械能转化为电能的发明，从而开始了19世纪晚期的"强电"技术时代。

由于电动机的发展，反过来又对发电机提出了新的需求。同时，由于永磁发电机已能为当时的电解工业提供电，电解工业反过来对发电机进一步提出了新的需求。正是在电力工业与电解工业的双重推动作用之下，使发电机本身迈向了新的里程。

电力时代的动力

19世纪70年代，欧洲进入了电力革命时代。从此，电能成为世界生产、生活的主要能源。不仅大企业，就连小工厂也都纷纷采用新的动力——电能。人们的生活中各种各样的电器也日益增多。

随着电力需求的增长，人们开始提出建立电力生产中心的设想。电机制造技术的发展，电能应用范围的扩大。对电需要的迅速增长，使发电厂应运而生，并很快发展成各种发电形式。

利用煤、石油、天然气等固体、液体、气体燃料燃烧时产生的热能，通过发电动力装置将这种热能转换成电能，这就是火力发电。在所有发电方式中，火力发电是历史最久的，也是最重要的一种。

最早的火力发电为是了使电灯投入广泛使用而建立的。一台发电机设备只供应一栋房子或一条街上的照明用电，人们称这种发电站为"住户式"电站，它的发电量很小。

发电厂的发展起始于直流发电站。1881年，美国的著名发明家爱迪生开始筹建中央发电厂，这里的主要设备是发电机，并有稳压器、开关、接线盒、绝缘带和保险丝等一系列配件，保证了电灯的设备能够配套使用。那时的发电厂是利用蒸汽机驱动直流发电机发电，电压为110伏，电力只供爱迪生的灯泡使用。

1882年，全世界总共有两座初具规模的发电厂投产。年初，伦敦荷陆恩桥的爱迪生公司开始发电，供应圣马厂邮局、桥西的城市大教堂和桥头旅馆等处的用电。年末，纽约珍珠街爱迪生公司发电厂也装上了同型机组，这是美国的第一座发电厂，内装6台发动机，可供6000个爱迪生灯泡用电。

早期发动机靠蒸汽机驱动。1884年出现涡轮机，涡轮机直接与发动机连接，省去许多齿轮装置，这样使发电机更加运行平稳，又少磨损。1888年，在新建的福斯班克电站安装了一台小涡轮机，转速为每分钟4800转，发电量75千瓦。1900年，在德国爱勃菲德设置了一台1000千瓦涡轮机。到1912年，美国芝加哥已有一台25000千瓦的涡轮发动机。

人们在开发电能方面，不断开拓更广泛的领域，以满足生产、生活日益增长的需要，解决火力发电带来的环境污染问题。于是，靠水力发电的第一座水电站，1891年在德国试运转。还有些靠太阳能、风力和潮汐发电的小型电站。1891年，丹麦建成世界第一座风力发电站，1960年前苏联土库曼斯坦建成第一座太阳能热电厂。

1951年美国建成第一座核电站，之后，世界上以核燃料为能源的核电站陆续诞生。已在世界许多国家发挥越来越大的作用。这些新型能源的诞生，改变了单一的燃料能源结构，为能源开辟了更广泛的发展前景，同时，也对环境污染问题找到了解决的途径。

自动化生产流水线

在现代化的生产流水线诞生以前，生产的过程都是家庭作坊式的个体小生产。随着生产的发展，出现了向大规模生产发展的趋势，也出现了流水线的萌芽。

据有关记载，英格兰北部的一个小镇，有一个名叫艾薇的人经营了一家鱼和油煎土豆片的商店。因为这个店的生意火红，所以顾客常常排起长队。艾薇就想出了一个办法，把柜台加长，艾薇、伯特、狄俄尼索斯和玛丽站成一排。顾客进来的时候，艾薇先给他们一个盛着鱼的盘子，然后伯特给加上油煎土豆片，狄俄尼索斯再给盛上豌豆糊，玛丽最后倒茶并收钱。顾客们不停的走动，当一个顾客拿到豌豆糊的同时，他后面的已经拿到了油煎土豆片，再后面的一个已经拿到了鱼。 这就是流水线的雏形。将那些具有重复性的工作分割成几个串行部分，使得工作能在工人们中间移动，每个熟练工人只需要依次地将他的那部分工作做好就可以了。虽然每个顾客等待服务的总时间没变，但是却有4个顾客能同时接受服务，这样在节假日的午餐时段里能够照顾过来的顾客数增加了3倍。

汽车，这种新型交通工具是以落后的小生产方式生产的，因而成本很高，成为一种奢侈品，不能得到普及。当时，美国的福特汽车公司生产一辆汽车要费工时728个，一年的产量仅有12辆。

福特公司的创始人、著名的企业家、被称为"为世界装上轮子的人"——福特，开始思考让汽车成为大众化的交通工具。他想，提高生产速度和生产效率是关键，只有降低成本，才能降低价格，使普通百姓也能买得起汽车。

1913年，福特运用创新理念和反向思维逻辑提出在汽车组装中，用传送带把汽车底盘以一定速度从一端运送到另一端前行。在前行过程中，逐步装上发动机、操控系统、车厢、方向盘、仪表、车灯、车窗玻璃、车轮等各部分零件。这样，一辆完整的车就组装成了。第一条流水线使每辆T型汽车的组装时间由原来的12小时28分钟缩短至10秒钟，生产效率提高了4488倍！这就是世界上第一条现代化生产线。

流水线是把一个重复的过程分为若干个子过程，每个子过程可以和其他子过程并行运作. 福特的流水线不仅把汽车放在流水线上组装，也花费大量精力研究提高劳动生产率。福特把装配汽车的零件装在敞口箱里，放在输送带上，送到技工面前，工人只需站在输送带两边，节省了来往取零件的时间. 而且装配底盘时，让工人拖着底盘通过预先排列好的一堆零件，负责装配的工人只需安装，这样装配速度自然加快了。他在一年之中生产几十万辆汽车，这个新的系统既有效又经济，结果汽车的价格削减了一半，降至每辆260美元。1913年，美国人均年收入为5301美元。1914年，一个工人工作不到4个月就可以买一辆T型车。

流水线生产方式的出现，使每一个生产岗位有了标准化和通用性。由此，只有少数技术工人才能生产汽车的历史，被彻底颠覆。当一双黑乎乎的挖煤工人的手，也能造出"神秘的汽车"时，就意味着一个最普通的体力劳动者的工作效率被提高到了技术工人的水平之上。这是流水线生产方式本身的功劳和胜利。在工业时代，体力劳动者的生产率正是因流水线的生产方式而出现。此后，在许多领域都实行了流水生产线，比如，服装生产线、面包生产线、药品生产线，甚至房屋生产线，等等。

诺贝尔与安全炸药

火药是中国古代四大发明之一，但诺贝尔发明的却是威力更大、更安全的黄色炸药。

诺贝尔出生于瑞典一个贫穷的家庭。他的父亲喜欢化学实验，常常讲科学家的故事给诺贝尔听。16岁时，诺贝尔被送到美国一家工厂当学徒，在那里他刻苦学习了5年。诺贝尔目睹了劳工开山凿矿、修筑公路铁路，都是用手工进行的，劳动强度大且效率低。年轻的诺贝尔想，要是有一种威力很大的东西，一下子能劈开山岭，减轻工人们繁重的体力劳动那该多好啊！于是他走向了研究炸药的道路。

在诺贝尔之前，一位名叫舍恩贝恩的德国化学教授，在家中的炉旁加热硝酸和硫酸时，不慎打碎了瓶子。教授唯恐夫人责怪，忙乱中赶紧用一件挂在墙上的棉布围裙去擦地板，然后用水洗净放在炉边烘烤。突然一声巨响，围裙发出一阵闪光后烧掉了。教授重复做了几次实验，终于在无意中发明了后来称之为硝棉的爆炸物。不久后，一位名叫索伯里奥的意大利人又发明了硝化甘油炸药，但它容易爆，无法使用。此后，又出现一种硝酸含量少、能产生薄膜、用于止血的硝棉胶。诺贝尔就是在这些发明的基础上，开始了他黄色炸药的研究工作。

1864年，在瑞典斯德哥尔摩附近的马拉湖上，有一只船一直停在那儿。附近的居民对这艘船充满了恐惧，谁也不敢靠近它，因为诺贝尔在船上进行炸药的实验。为什么在船上做实验呢？原来，从事炸药研究是一项十分危险的工作，诺贝尔在实验室试制炸药时发生了爆炸，当场炸死5个，其中包括诺贝尔的弟弟，他的父亲也受了重伤。在沉重的打击下，他并未灰心丧气，决心制服"爆发油"的易爆性。为了避免伤害实验周围的人，诺贝尔在朋友的资助下租了一只大船在马拉湖上，在船上继续他的实验。

1873年，诺贝尔一直在研究易爆的硝棉炸药的安全包装问题。一天，他不慎割破了手指，就用当时盛行的止血剂硝棉胶止血。因为伤口很深，他痛得无法入睡。就在这时，他突然产生一个念头：既然硝棉胶止血，为什么不能用它来包装硝棉呢？第二天清晨，诺贝尔验证了他的设想。这一成功，增加了硝棉的安全性。但它仍不够十分安全，诺贝尔急于研制一种更为安全的炸药。

1876年的秋天，诺贝尔做危险的硅藻甘炸药试爆实验。他亲自点燃导火剂，仔细观察各种变化，当炸药爆炸声巨响之后，诺贝尔研制了硅藻甘油炸药。

1880年的一天，诺贝尔往容器中灌装硝化甘油时，不慎打翻了容器，硝化甘油流入地里。诺贝尔惊奇地发现，土壤能吸入3倍体积的硝化甘油，而且吸收后，即使烧它也不会发生爆炸，只有用引爆的方法才能使它爆炸。这次无意中的发现，正是我们目前还在使用的黄色无烟炸药——三硝基甲苯（TNT）！

安全炸药发明后，被广泛地用于开矿、筑路等方面，炸药的产量大幅度上升，诺贝尔获得了巨大利润，从而建立了著名的诺贝尔奖金。

机械时代的机床

在数百万年的历史长河中，人类用智慧和双手创造了一个崭新的世界，在这一过程中人类得益于工具的帮助。原始社会，人们靠的是石器工具。以后，人们创造了更加巧妙的工具，这就是机床。

机床是对金属或其他材料的坯料或工件进行加工，使之获得所需形状、尺度和质量的机器。机械产品的零件通常都是用机床加工出来的。机床是制造机器的机器，也是能制造机床本身的机器，这是机床区别于其他机器的主要特点，故机床又称为工作母机或工具机。

公元前2000多年出现的树木车床，是机床最早的雏形。工作时，脚踏绳索下端的套圈，利用树枝的弹性使工件由绳索带动旋转，手拿贝壳或石片等作为刀具，沿板条移动工具切削工件。中世纪的弹性杆棒车床，运用的仍是这一原理。

真正的机床是在工业革命后出现的，源于英国。发明者是一个名叫享利·莫兹利的工人。1771年8月22日，莫兹利生于英国沃尔里奇的一个军人家庭，12岁时进入制造兵器的工厂制造炮弹。14岁时，又到一个细工木匠那里去当学徒工。15岁时，他说服了双亲，到家附近的一个铁匠铺当了一名徒工，加工铁制品，因此学到了一手加工金属的好手艺。

之后，他给发明家约瑟夫·布拉默当助手，生产倒转锁，但生产效率很低。后来，布拉默和莫兹利引进了机械工具，大大提高了生产效率和精密度。莫兹利从中受到启发：能否创造一般的工具来生产各种不同类型的标准化机件。首先，他将木机床改成铁质机床，解决了由于木头容易变形而使工作器件的中心和校值受到破坏的问题。接着，他又在机械制造业所应用的工具和机器中引进了滑动原理，从而完成了滑动力架的发明。有了它，机器各部分所必要的几何学形态，就能便捷而又准确、迅速地生产出来。后来，他又将滑动刀架同机器的转动相耦合，使刀架能和中心线平行地作直线运动，使车床能生产出任何数量的规格相同的圆柱体来。他对机床再次改进，使之能在圆柱体上刻出螺纹来，从而实现了标准螺丝的大规模生产。

在机床的发明史上，有着诸多的杰出人物。1774年，维金森发明了镗床，镗床相当于木工的刨子，主要用于材料的抛光。当时由于蒸汽机的出现，汽缸和活塞的加工要求很高，而镗床的出现满足了这一需要。维金森发明的镗床是用水车使汽缸材料旋转，让刀具从材料的纵的方向上前进，对汽缸内部进行切削。用这种镗床加工直径72英寸的汽缸，误差只有一枚硬币那么厚，这在当时已经是很高的精度了。

1794年出现的滑动刀架，是莫兹利的一项重要发明。滑动刀架是现代机床的重要部件，它能够沿转动工件水平地移动固定在屋架上的刀具。1800年，莫兹利又发明了能够车螺纹的车床，成为产业革命中重要的机械之一。

19世纪初，另一种重要的机床——铣床出现了。它先是由瑞士机械师波德梅尔于1839年发明，后来又为美国工程师布朗改进。铣床上安有一个转动的刀具，在工件通过时对工件进行切削。布朗发明的铣床称为"万能"铣床。它能使用任何的刀具，有的像圆锯，有的能够在工件上开方槽或圆槽，有的能铣平表面。这种"万能"铣床于1867年拿到巴黎博览会上展出时，获得了极大的成功。

打孔机出现于1765年。那时，英国早期的伟大建筑工程师斯米顿设计了一种筒形打孔机，它是用水轮作动力的。由于钻孔工具的末端是在圆筒内的小轮子上不断移动的，钻孔工具不很快，钻的孔也不平。1775年，另一位英国工程师约翰·威尔金森，用一种有效的工具支架改进了钻孔机，其办法是让钻孔杆通过圆筒，牢牢地安在两个支座上。

19世纪，英国、欧洲大陆各国、美国由于工业发展，各大公司成立了研究小组，集体研究成果逐渐取代了个人发明。因此，有些机床和技术已很难说清是什么时候、到底是谁创造发明的。

由害变宝的核电站

现代社会，人们对能源的需求越来越大，以煤和石油的化石能源不断地被大量开采，这些能源也越来越减少。更使人担心的是，石油和煤炭燃烧后带来的有害气体不断增加，人们渴望找到新的能源。

1938年，德国的科学家奥多·哈恩及他的助手奥地利—瑞典的女原子物理学家莉泽·迈特纳发现了原子核裂变现象。二战后，核技术很快被用到能源开发和利用上。1954年6月27日，前苏联在卡卢加州建造了世界首座核电站——奥布宁斯克核电站开始发电，标志着核电时代的到来。全世界约有30多个国家，建了400多座核电站。

核裂变是一个原子核分裂成几个原子核的变化。只有一些质量非常大的原子核像铀、钍等才能发生核裂变。这些原子的原子核在吸收一个中子以后会分裂成2个或更多个质量较小的原子核，同时放出2—3个中子和巨大的能量，使别的原子核接着发生核裂变，这种过程称作链式反应。原子核在发生核裂变时，释放出巨大的能量称为原子核能。1克铀235完全发生核裂变后放出的能量相当于燃烧2.5吨煤所产生的能量。

核电站是怎样发电的呢？它是以核反应堆来代替火电站的锅炉，以核燃料在核反应堆中发生特殊形式的"燃烧"产生热量，蒸汽通过管路进入汽轮机，推动汽轮发电机发电。一般说来，核电站的汽轮发电机及电器设备与普通火电站大同小异，但奥妙主要在于核反应堆。

核电站除了关键设备——核反应堆外，还有许多与之配套的重要设备。以压水堆核电站为例，分别是主泵、稳压器、蒸汽发生器、安全壳、汽轮发电机和危急冷却系统等设备，它们在核电站中各具功能。

主泵，如果把反应堆中的冷却剂比做人体血液的话，那主泵则是心脏。它的功用是把冷却剂送进堆内，然后流过蒸汽发生器，以保证裂变反应产生的热量及时传递出来。

稳压器，又称压力平衡器，是用来控制反应堆系统压力变化的设备。在正常运行时，起保持压力的作用，在发生事故时，提供超压保护。

蒸汽发生器，作用是把通过反应堆的冷却剂的热量传给二次回路水，并使之变成蒸汽，再通入汽轮发电机的汽缸作功。

安全壳，用来控制和限制放射性物质从反应堆扩散出去，以保护公众免遭放射性物质的伤害。

汽轮机，核电站用的汽轮发电机在构造上与常规火电站用的大同小异，所不同的是由于蒸汽压力和温度都较低，所以同等功率机组的汽轮机体积比常规火电站的大。

危急冷却系统，为防止核电站回路主管道破裂的极端失水事故的发生，现代核电站都设有危急冷却系统。

核电站有许多优点，被人们称为清洁能源。核能发电不像化石燃料发电那样，排放巨量的污染物质到大气中；核能发电不会产生加重地球温室效应的二氧化碳；核能发电所使用的铀燃料，除了发电外，没有其他的用途；核燃料能量密度比起化石燃料高上几百万倍，故核能电厂所使用的燃料体积小，运输与储存都很方便。

当然，核电站也有不足之处。核能电厂会产生高低阶放射性废料，因具有放射线，必须慎重处理；核能发电厂热效率较低，因而比一般化石燃料电厂排放更多废热到环境中，故核能电厂的热污染较严重；核电厂的反应器内有大量的放射性物质，如果在事故中释放到外界环境，会对生态及民众造成伤害。

建房铺路架桥的水泥

自人类走出森林以来，先后住进了山洞、草房、砖房、楼房，居住条件不断改善。如今，不同地域的房屋建筑五花八门，闪烁着人类的智慧。人类在3000多年前就已经开始用石灰做建筑材料了，然而发明现代水泥的历史却只有200多年。

传统水泥是建筑用胶凝材料，按化学组成可以分为硅酸盐水泥、铝酸盐水泥和硫铝酸盐水泥3大类。硅酸盐水泥是普遍常用的水泥，又称波特兰水泥，铝酸盐水泥和硫铝酸盐水泥是特种用途的水泥。有人戏称水泥是建筑的"粮食"，在人类文明中占有重要地位。现在，全世界水泥产量已达20多亿吨，是现代社会不可或缺的大宗产品。水泥的发明是人类在长期生产实践中不断积累的结果，是在古代建筑材料的基础上发展起来的，经历了漫长的历史过程。在水泥发明的数千年岁月中，西方最初采用黏土作胶凝材料。古埃及人采用尼罗河的泥浆砌筑未经煅烧的土砖，为增加强度和减少收缩，在泥浆中还掺入砂子和草。用这种泥土建造的建筑物不耐水，经不住雨淋和河水冲刷，但在干燥地区可保存许多年。

大约在公元前3000—前2000年间，古埃及人开始采用煅烧石膏作建筑胶凝材料，埃及古金字塔的建造中使用了煅烧石膏。公元前30年，古埃及人都是使用煅烧石膏来砌筑建筑物。

早在公元前5000—前3000年的仰韶文化时期，就有人用"白灰面"涂抹山洞、地穴的地面和四壁，使其变得光滑和坚硬。"白灰面"因呈白色粉末状而得名，它由天然姜石磨细而成。姜石是一种二氧化硅较高的石灰石块，常夹在黄土中，是黄土中的钙质结核。"白灰面"是至今被发现的中国古代最早的建树胶凝材料。

中国古代建筑胶凝材料发展中一个鲜明的特点是，采用石灰掺有机物的胶凝材料，如"石灰—糯米"，"石灰—桐油"，"石灰—血料"，"石灰—白芨"，以及"石灰—糯米—明矾"等。另外，在使用"三合土"时，掺入了糯米和血料等有机物。据民间传说，秦代修筑长城中，采用糯米汁砌筑砖石。考古发现，南北朝时期的河南邓县的画像砖墙，是用含有淀粉的胶凝材料衬砌。

关于现代水泥的发明，有一则趣事。1756年，英国海峡群岛上的一座灯塔突然失火烧毁，政府命令工程师史密顿以最快的速度建好。2周后，石灰石运到了灯塔所在的小岛上。史密顿却见石灰石中混有许多杂质，很不满意，但时间紧迫，只好将就了。没有想到的是，用这种混有杂质石灰石烧出来的石灰，性能却好得出奇，将石灰粘结得从来没有过的结实。史密顿想：这石灰石中肯定有名堂。于是，他马上检验了这些石灰，发现其中竟含有20%的粘土。史密顿有意地将粘土和石灰石按一定比例烧炼，烧出来的"石灰"性能果然十分理想。因此，人们叫它"水泥"。不久，水泥传遍了欧洲，传遍了世界。

现代建筑离不开水泥，不仅如此，现代公路、桥梁、水利工程等许多领域，水泥也是主角。因此，人们称水泥是建筑的"粮食"，可见水泥在建筑中的地位。

滋润土壤的化肥

几千年以前，中国的农民们就认识到，他们可以用肥料来改善土壤，使农作物长得更加茂盛。早期的农民们给耕地施动物和人的粪便。他们虽然知道这样做有用，却知道这究竟是为什么。

随着人口的不断增加，人口和粮食的矛盾越发突出，人们急切地盼望提高土壤肥力，以获取更大的粮食产量。这时，一种增加土壤肥力的新途径——给庄稼施用无机肥料，如氮、磷、钾肥等，在德国产生了。这种办法见效快，能使农作物长年高产稳产，颇受农民的欢迎。

人工合成肥料的发明者是德国化学家尤斯托斯·李比希。1803年，李比希出生在德国的黑森公国首都达姆施塔特，自幼酷爱化学。

18岁时，李比希深刻地认识到，要想成为一名化学家，必须有扎实的知识基础。1824年，李比希在法国巴黎获得化学博士学位，回到德国，被聘为吉森大学的化学教授。

在黑森公国首都市郊，有一大片农田。这一天，他来到城郊的庄稼地里，仔细察看庄稼和土壤。正在田间劳作的农民奇怪地打量着这位书生模样的城里人，问道："先生，您也懂得庄稼?"

"嗯，知之不多，正想学学。"李比希回答。他接着问："您看今年庄稼收成会好吗?"

这不经意的一问恰好触动了农民的心事，但见他忧心忡忡地叹了口气，说："年复一年地种植庄稼，土地越来越贫瘠了，哪能指望好收成呢。这块地眼看就要废弃了。"

"要是能给土地添加些营养，庄稼不就会丰收了吗?"李比希自言自语道，又似乎是在对农民说。

"先生，您这就不懂了。我们庄稼汉祖祖辈辈都是这么种地的。您的话说出去会闹笑话的。"

李比希可不在乎会不会闹笑话。他开始翻阅大量的书籍报刊，发现古老的中国、印度等地的农民为使庄稼丰收，不断地给土地施用人畜粪便。李比希清楚地知道，这一定是由于粪便中含有使土壤肥沃的成分，能促使庄稼吸收到生长所需要的物质。

为了找到答案，李比希开始做大量的实验。他发现氮、氢、氧这3种元素是植物生长不可缺少的物质。而且，钾、苏打、石灰、磷等物质对植物的生长发育起一定的作用。接下来，是研制出含有这些无机盐和矿物质的人工合成肥料。

1840年的一天，李比希的化学实验室里洋溢着欢乐的气氛，世界上第一批钾肥、磷肥在这里诞生了。李比希把这些洁白晶莹的无机化肥小心地施洒在实验田里，密切注意着庄稼的变化。

可是没过几天，一场大雨不期而至。助手们发现那些化肥晶体被雨水一泡后，很快变成液体渗入土壤的深层，而庄稼的根部却大多分布在土壤的浅层。果然，收获的季节到了，实验田里的庄稼并没有显著的增产。

于是，他们又开始了新的探索。这一回，李比希把钾、磷酸晶体合成难溶于水的盐类，并且加入少量的氨，使这种盐类成为含有氮、磷、钾3种元素的白色晶体。

最后，在一块贫瘠的土地上，李比希和助手们把这些白色晶体和粘土、岩盐搅拌在一起，施在土里，然后种上了庄稼。过了一段时间，农民们惊奇地发现那块被废弃的"不毛之地"竟然奇迹般地长出了绿油油的庄稼，而且越长越苗壮。转眼，又迎来了收获季节。"不毛之地"获得大丰收，胜过农民在良田里种下的庄稼。

消息就像插上了翅膀一样迅速传开了，李比希成为德国农民最敬仰的人物，"李比希化肥"也被广泛运用于农业生产中，造福人类。

遗憾的化学农药

农药是用于农作物除病、虫害等的药物，种类很多。因此，农药是农业生产不可或缺的重要物资。但有些化学合成农药却给人们留下了遗憾，这就是曾显赫一时的农药DDT。

农药本源于我国。3000多年前，我国人民就开始与蝗虫、螟虫作斗争；1800年前，已应用了汞剂、砷剂和藜芦；1000年前，已应用硫、铜、油类及其它植物性杀虫剂。鱼藤精农药也是我国首创。明朝李时珍的《本草纲目》中叙述了1890余种药品，其中很多是防治农作物病、虫害的农药。

化学农药源于欧洲。1874年，德国化学家奥里默·蔡德勒首先合成出DDT，但它作为一种杀虫剂的特性在当时一点也没有引起人们的重视。1939年，瑞士化学家米勒发现了DDT的杀虫效能和实用价值。

当米勒用它在苍蝇身上进行实验时，杀虫效力使他大吃一惊。更使他惊喜的是，当他把乳剂DDT喷洒在门窗上时，发现这种乳剂干燥后，仍能在长达几天的时间里保持杀虫效力。更重要的是，它对绝大多数生物几乎是无害的，但对昆虫则意味着死亡。

1942年，DDT传到国外。这是有史以来首次发现的人工合成的最有价值的杀虫药剂，并广泛用于农业、畜牧业、林业和卫生保健事业。这种全名为二氯二苯三氯乙烷的化学制剂，在控制战后疫病、杀死有害昆虫方面显示了神奇的功效。

使DDT声名鹊起的，还有它在控制疟疾和伤寒等疾病方面的传奇经历。1943年10月，英法盟军控制了意大利的那不勒斯。随着冬天的来临，当地开始流行斑疹伤寒，由于各种医疗卫生条件都很差，眼看一场大的疾病传播不可避免。于是，当局决定，让军人和老百姓排队接受DDT溶液的喷洒消毒。人们奇怪地发现，3周之内，虱子死了，不久斑疹伤寒也绝迹了。1945年，美军占领日本后也曾如法炮制。这不仅证明了体虱是斑疹伤寒的传播者，也证明了DDT在防治由节肢动物传播的疾病方面所具有的重大功效。此外，它还在地中海地区、印度和东南亚地区防治疟蚊方面取得了成功。

由于DDT在消灭粮食、经济作物、果树、蔬菜等农作物害虫方面的显著效力，使它在发明后的30多年里一直是常用的一种杀虫剂。20世纪50年代以来，全世界大约有500万人因此免于饿死。加上它在预防疾病方面的作用，使得它及其发明者——米勒的名字家喻户晓，而他也就众望所归地获得了诺贝尔奖。

30多年后，一些科学家发现了使他们担忧的结果。他们发现，有些昆虫对DDT产生了抗药性。人们还发现，由于DDT的使用，导致了自然生态系统的破坏，造成了减产。在所有动物中，鸟类首当其冲成为受害者。因为鸟类大多是食物链初端的取食者。鸟类从吃下的昆虫那里吸收了DDT，从而使其产下的蛋壳变薄。薄蛋壳很容易破碎，致使幼鸟死去。既然DDT能影响鸟类，那么它不会影响人类吗？

研究结果表明，DDT进入人体后，会在含脂肪的组织器官内积累，损害人的健康。由于对生态系统及人类健康的危害，所以很多国家在70年代就已禁止使用DDT。美国从1973年1月1日起禁止使用DDT，欧洲许多国家相继效仿，中国也在1983年停止使用和生产DDT。

米勒生前可能做梦都没有想到，他的所谓宝贵财富、划时代的发明，在去世后不久就变成令世人寒心的结果，那些当时欢呼这一伟大发明的人，也会后悔使用了这种农药。

代替农耕手种的播种机

原始社会，人们以采集和狩猎获取食物。以后，人们开始了刀耕火种的时代，那时人们还只能制作简单的耕种农具。

大约在公元前3500年，美索不达米亚人发明了第一台播种机，这种管状播种机使农业得到了进一步发展。

世界上最早的播种机是西汉人赵过发明的三腿耧车。汉武帝时，任都尉的赵过根据农民的经验创立了"代田法"，取代落后的"缦田法"。这是一种适合于我国北方旱地作物的耕作方法，它能达到"用力少而得谷多"的增产效果。但赵过在推行代田法时遇到一个问题，就是由于没有与牛力相配套的农具，种代田的效率并不高。他决定发明一种适用于代田等行距条播的农具。

西汉初期，我国早已有了简单的播种机具——耧车。不过，起初的耧车是一腿耧或两腿耧，效率不高。赵过在前人的基础上，经过精心研究设计，创制了三腿耧车。这种农具的图形在山西平陆出土的汉墓壁画中得到了证实。根据壁画复原的耧车模型现陈列在北京历史博物馆。赵过发明的耧车是由种子箱、排种箱、输种管、开沟器、机架和牵引等装置组成的。它的中央有一个盛放种子的耧斗，耧斗下有3条中空的耧腿，下面装着开沟用的小铁铧。播种时，一人在前牵引架着耧辕的牲畜前进，另一人在后控制耧柄高低以调节耧腿入土的深浅，同时摇动耧柄，使种子均匀地从耧腿下方播入所开的沟内。耧车后面用两条绳子横向拖拉着一根方形木头，能在耧车前进时把犁出的土刮入沟内，使种子及时得到覆盖。这种耧车将开沟、下种、覆盖三道工序结合在一起完成，大大提高了播种效率和质量。

三腿耧车是一项杰出的发明，它的原理和功能同现代播种机差不多，在构造上也有许多相似之处。可以说，我国2000多年前发明的三腿耧车是西方人直到1600年才发明的播种机的始祖。

欧洲第一台真正高效率的条播机，直到1731年才由英国农民发明家杰斯洛·图尔制造出来，它被看作是欧洲农业革命的标志之一。这种播种机能做到均匀、连续地把种子播撒出去。

杰斯洛·图尔是一位热心的音乐家，又是个律师，根本没有必要去种庄稼。他的仆人和邻居给他写信时都称他为"老爷农民"。他在自己的农场试种三叶草，但是他雇的农民嘲笑他，后来竟罢起工来。他们认为，塔尔是个不切实际的空想家，满脑子的怪念头。然而，就是这样一个聪明的门外汉创造了发明播种机的奇迹。

塔尔当时想到，如果能发明一种机器来进行大面积播种，他就能把自己关于农业的理论付诸实践。与此同时，还会减轻他对雇佣劳动力的依赖。

早期的播种机是一辆带轮子的车，车上有个装种子的容器。车轮转动时，种子通过容器下面的金属管或空心犁刀向下掉。这种播种机之所以失败，是因为机器不能有效地控制种子从容器掉进土壤的速度。塔尔把风琴传声结构的作用原理，用在播种机的研制上，从而解决了这个关键问题。他是用一个铜盖和可调节的弹簧来控制种子向下掉的速度，铜盖和弹簧的作用方式宛如风琴机构中的簧片。

虽然苏格兰人对塔尔的整个系统都抱以热情欢迎的态度，可他的播种机只在自己的农场及其周围使用，并没有得到推广。到19世纪初期，英国人才开始广泛使用播种机播种。

农业机械化的收割机

早在1808年，有位名叫萨尔门的英国人发明了一种"收割机"。这种"收割机"实际上并不是机械，它不过是在长约60公分的木棒上安装一排刀刃工具，仍然要用手操作。甚至可以说，它的结构犹如好几把镰刀同时握在手中一样。

到了1826年，有个叫贝尔的英国人，模仿剪刀的原理，制造出一种用马牵引的"收割机"。结果，这种收割机跨入了"机械"的大门，但它实际上只能割而不能收庄稼。因此，确切地说，贝尔的这种机械应该称为"割机"而不算"收割机"。

那么，美国的麦考米克父子是怎样发明收割机的呢？

俗话说"三百六十行，行行出状元"。麦考米克父子发明收割机，离不开他们对自己所从事的职业的热爱与追求。

麦考米克父子是弗吉尼亚的农民，他们拥有自己的农场。父亲罗伯特·麦考米克在经营农场的过程中，开了个专门修理农具的小店铺。在父亲的影响下，机灵活泼的儿子赛勒斯·麦考米克自幼和这些农具相伴，他常常动手和父亲一道修理破损的农具。

一天，看着眼前一大堆亟待修理的农具，又想到农场里干活的农民，老麦考米克心念一动：要是有一种机器能既快又省力地收割麦子，那该多好啊！渐渐地，这个念头越来越清晰，并深深地在他心里扎下了根。他开始思索如何设计制作这种从来没有过的机械。

看到父亲不再像平常那样修理农具，而是整天摆弄那些不知名的机械，小麦考米克好奇心大发，禁不住问父亲：

"爸爸，您老摆弄这些玩意儿干吗？"

"噢，孩子，我想设计一种能快速省力地收割麦子的机械——对，就叫收割机。我想制造收割机。"

小麦考米克一听乐了，热切地说："爸爸，我能帮您的忙吗？我一定可以的，对吗？"

于是，年仅10岁的小麦考米克参与了父亲的发明计划。父子携手开始试制收割机。

1816年，他们终于制成了第一台收割机。兴奋之余，他们忐忑不安地把这台收割机带到麦地里试验。令人遗憾和失望的是，效果并不理想。在一片讽刺挖苦声中，麦考米克父子失败了。

16年后，小麦考米克长大成人，变得越发聪明成熟了。他始终没有忘记儿时那个未曾实现的梦想，在心里默默立誓，一定要研制出真正的收割机。

功夫不负有心人。麦考米克父子又一次携手合作，他们吸取了上次失败的经验教训，悉心揣摩人的割麦动作，并参考贝尔的收割机加以改进，终于在1832年又试制出一台新型的收割机。

这台收割机需要一个人在前面赶着马，另一个人在后面操纵机器。它不仅能自动割麦子，还能把割下的麦子自动抛向后方。跟随在收割机后面的农夫，只要从台下卸下麦子即可运回家中。

实际演示那天，人们大为惊叹——这部看似不起眼的机器，它收割麦子的效率竟然是人工的6倍!

后来，麦考米克给自己的发明申请了专利，他创办的收割机厂生意越来越红火，最后成了世界上首屈一指的农业机械公司。

今天，奔驰在广漠的田野上的联合收割机能够奇迹般地完成收割、打场、松地、播种等一系列任务，远非昔日麦考米克的收割机可比。但是，人们不会忘记麦考米克父子，是他们用双手掀开了现代农业机械发展史上崭新的一页。

听音诊病的听诊器

世界上第一个听诊器的发明距今已有100多年的历史。19世纪的一天，一辆马车在法国巴黎一所豪宅前停下，车上走下了著名医生雷内克，他是被请来给这里的贵族小姐诊病的。当时，医生都是隔着一条毛巾用耳朵直接贴在病人身体的适当部位来诊断疾病，而这位病人是年轻的贵族小姐，这种方法明显是不合适的。

雷内克医生在客厅一边踱步，一边想着能不能用新的方法来诊断病情。忽然，雷内克想起前几天见到的一件事。那是在巴黎的一条街道旁边，几个孩子在木料堆上玩儿，其中有个孩子用一颗大钉敲击木料的一端，并叫其他孩子用耳朵贴在木料的另一端来听声音。他一边敲一边问："听到什么声音了?""听到了有趣的声音了"孩子们笑着回答。雷内克站在那里看了很久，忽然兴致勃勃地走了过去问："孩子们，让我也来听听这声音行吗?"孩子们愉快地答应了。他把耳朵贴到木料的一端，认真地听孩子们用铁钉敲击木料的声音。"听到了吗? 先生。""听到了，听到了!"

雷内克医生灵机一动，马上叫人找来一张厚纸，将纸紧紧地卷成一个圆筒，一头按在病人心脏的部位，另一头贴在自己的耳朵上。果然，小姐心脏跳动的声音连其中轻微的杂音都被雷内克医生听得一清二楚。

雷内克医生回家后，马上找人专门制作一根空心木管，长30cm，口径0.5cm。为了便于携带，从中分为两段，有螺纹可以旋转连接。雷奈克由此发明了木质听诊用具，由于是一种中空的直管，雷奈克将其命名为听诊器。这就是第一个听诊器，它与现在产科用来听胎儿心音的单耳式木制听诊器很相似。因为这种听诊器样子像笛子，所以被称为"医生的笛子"。后来，雷内克又做了许多实验，最后确定，用喇叭形的象牙管接上橡皮管做成单管听诊器，效果更好。单管听诊器诞生的年代是1814年。由于听诊器的发明，使得雷内克能诊断出许多胸腔疾病，他也被后人尊为"胸腔医学之父"。

1840年，英国医师乔治·菲力普·卡门改良了雷内克设计的单耳听诊器。卡门认为，双耳能更正确地诊断。他发明的听诊器是将两个耳栓用两条可弯曲的橡皮管连接到可与身体接触的听筒上，听诊器是一个中空镜状的圆椎。卡门的听诊器，有助于医师听诊静脉、动脉、心、肺、肠内部的声音，甚至可以听到母体内胎儿的心音。

1937年，凯尔再次改良卡门的听诊器，增加了第二个可与身体接触的听筒，能产生立体音响的效果，称为复式听诊器，它能更准确地找出病人的病灶所在。可惜，凯尔的改良品未被广泛采用。现在，又有电子听诊器问世，它能放大声音，并能使一组医师同时听到被诊断者体内的声音。它还能记录心脏杂音，与正常的心音作比较。虽然新型听诊器不断问世，可医师们依然习惯使用由雷内克设计、经卡门改良的旧型听诊器。

面容憔悴的小姐，坐在长靠椅上，紧皱着双眉，手捂胸口，看起来病得不轻。等小姐捂着胸口诉说病情后，雷内克医生怀疑她染上了心脏病。为了使诊断正确，最好是听听心音，早在古希腊的《希波克拉底文集》中，就已记载了医生用耳贴近病人胸廓诊察心肺声音的诊断方法。雷奈克也从中获知这一听诊方法，平时常常用来诊断病情。

透视身体的X射线机

19世纪末，德国物理学家威廉·康拉德·伦琴对阴极射线产生了极大的兴趣，开始深入研究并发现了X射线。这一重要发现在后来的几十年里被应用在医疗领域。

因为X射线具有很强的穿透作用，就像给医生戴上了一副可以看穿肌肤的"眼镜"，能够使医生的"目光"穿透病人的皮肉透视人体骨骼，清楚地观察活体内的各种生理和病理现象。根据这一原理，人们发明了X光机，并首先在医生诊断病人病情时使用。

20世纪初，用离子X射线管制作的射线机首先诞生了。这种离子X射线管的射线机结构非常简单，使用效率很低的含气式冷阴极离子X射线管，运用笨重的感应线圈产生高压，裸露式的高压机件，更没有精确的控制装置。X射线机装置容量小、效率低、穿透力弱、影像清晰度不高、缺乏防护。据资料记载，当时拍摄一张X射线骨盆像，需长达40—60秒的曝光时间，结果照片拍成之后，受检者的皮肤却被X射线烧伤。

随着电磁学、高真空技术及其他学科的发展，1910年，美国物理学家W.D.Coolidge发表成功制造了钨灯丝X射线管。1913年，开始实际使用。它的最大特点是钨灯丝加热到白炽状态以提供管电流所需的电子，所以调节灯丝的加热温度就可以控制管电流，从而使管电压和管电流可以分别独立调节，大大提高了影像的清晰度。同年，滤线栅发明，消除了部分散射线，提高了影像的质量。1914年，制成了钨酸镉荧光屏，开始了X射线透视的应用。1923年，发明了双焦点X射线管，解决了X射线摄影的需要。X射线管的功率可达几千瓦，矩形焦点的边长仅为几毫米，X射线影像质量由此大大提高。同时，造影剂出现并逐渐应用，使X射线的诊断范围也不断扩大。它不再是一件单纯拍摄骨骼影像的简单工具，而是一件对人体组织器官中自然对比度较差的胃肠道、支气管、血管、脑室、肾、膀胱等器官进行检查的重要的医学诊断设备了。经过科学家们几十年的努力，现代的高清晰度的X射线机在世界许多医院得到了广泛的应用。

如今，当人们不慎摔伤后，为了检查是不是骨折，就可以很方便地拍一张X光片，通过X光片就可以显现你的骨头是否骨折；当医生怀疑患者胃部有病症时，就可以为患者拍一张X光片，检查是否有病变。

X射线应用于医学诊断，主要依据X射线的穿透作用、差别吸收、感光作用和荧光作用。由于X射线穿过人体时受到不同程度的吸收（骨骼吸收的X射线量比肌肉吸收的量多），那么通过人体后的X射线量就不一样，这样便携带了人体各部密度分布的信息，在荧光屏上或摄影胶片上引起荧光作用或感光作用的强弱就有较大差别，因而在荧光屏上或摄影胶片上显示出不同密度的阴影。根据阴影浓淡的对比，结合临床表现、化验结果和病理诊断，即可诊断人体哪一部分发生病变。

于是，X射线诊断技术便成了世界上最早应用的非刨伤性的内脏检查技术，在医疗诊断中得到了广泛应用，成为人类战胜多种疾病的有力武器之一。

精密复杂的CT机

1896年，人类的第一面"照妖镜"——X射线机，被正式应用到临床医学上，用来检查人体骨骼、肺部的疾病。但是，X射线太过简单，透过它所看到的影像只是骷髅似的骨骼或者肺病的阴影。

人体器官是很复杂的，要想看到人的内在器官的真实图像，仅利用X射线机还不全面。因为有时候，前面的器官的影子可以挡住后面的器官影子，这样就会造成影像的重叠，对某些器官的病症就更不容易作出准确的判断。医生要准确无误地发现和观察病灶，就需要更加精密的仪器。

美国物理学家科马克，为了改进X射线机，进行了大量的实验研究。一天，他在公园散步，看见大树后边有一个人影在晃动，一会儿被树挡住，一会儿又露出半个身影，科马克思索着。突然，他想到，改变观看物体的角度，就可以看到一个物体后边的影像，或看不到物体后的影像，这和X射线由于两个影子重叠而不能看清物体后边的影像不是一样吗？

科马克立即跑回家，把许多X射线管排列起来，对人体模型进行断层摄影。X射线一个层面一个层面地切向了人体，科马克得到了人体模型的各个层面的影像，不过，这种方法太麻烦，还不能实际应用在医疗中。但是，这种理论确实为人们、为改进X射线机创造了条件。

几乎是同时，正当计算机问世时，英国的计算机专家豪斯菲尔德也在进行X射线机的改进研究工作，这两位素不相识的科学家，远隔重洋，在各自不同的岗位上，为着一个共同的高尚目标而不懈奋斗。

经过多年的研究，两人都发现人体各部分组织对X射线的吸收程度各不相同，而病变组织和正常组织对X射线的吸收差别最大。他们设想，如果用电子计算机一起来计算它分层吸收的程度，病症会很容易被检测出来。

1971年，豪斯菲尔德研制断层扫描图像设备，安装在伦敦外一所医院，开始了头部临床试验研究。10月4日，检查了第一个病人。患者在完全清醒的状态下，朝天仰卧，X射线管在患者上方，绕检查部位旋转，在患者下方装置的计数器也同时旋转。由于人体器官、组织对射线吸收程度不同，病理组织和正常组织对X射线的吸收程度也不同。这些差别反映在计数器上，经电子计算机处理，便构成了身体部位的横断图象呈现在荧光屏上。实验结果在1972年4月召开的英国放射学家研究年会上首次发表，由此宣告了CT机的诞生。不久，从美国也传来科马克研制的CT机获得成功。在以后的时间里，CT机不断得到改进和完善，并于1976年以后，在世界各地的医院临床上得到了广泛应用。

CT机可围绕人体作360°的连续旋转扫描，把X射线拍摄的断层扫描图像输入计算机中，计算机进行计算和分析，最后在屏幕上显示出一张张清晰可见的反映人体内部各个断层的图像。这种图像的分辨率比一般的X射线图像高出100多倍。通过CT机的检查，人体小到5—10毫米的病灶，都能清晰地显示出来。人体的脑、心、肝等器官，哪怕是一丁点儿的病变迹象，也逃不过CT机犀利的"眼睛"。令人尤为惊奇的是，X射线拍摄的照片，可以断定肿瘤的性状，大大方便了医生对癌肿诊断的正确度。

1979年，诺贝尔生理学和医学奖授予了科马克和豪斯菲尔德。

似刀非刀胜于刀的伽玛刀

手术是人类和疾病作斗争的一种常见的方法，在医院里的手术台上，患者经受了心神的痛苦煎熬，与死神擦肩而过又重新获得了健康。

20世纪60年代，瑞典的神经外科医生莱克赛尔博士发明了世界第一台头部伽玛刀治疗系统，提出了立体定向放射外科这一新的学科。

"伽玛刀"名为"刀"，但实际上并不是真正的手术刀，它是一个布满直准器的半球形头盔，头盔内能射出201条钴60高剂量的离子射线——伽玛射线。它经过CT和磁共振等现代影像技术精确地定位于某一部位，我们称之为"靶点"。它的定位极准，误差常小于0.5毫米。每条伽玛射线剂量梯度极大，201条射线从不同位置聚集在一起可将靶点组织摧毁。这种射线只对准病灶区域，对健康组织几乎没有损伤。因这种射线的功能尤如一把手术刀而得名。这种手术具有无创伤、不需要全麻、不开刀、不出血和无感染等优点。

在整个治疗过程中，是通过TPS三维立体治疗规划系统，把不规则形状的肿瘤完全包绕在我们的治疗范围内，这样可直观地判断出周围正常神经组织所接受照射的剂量。通过医生的调节，可以很理想地避开重要的神经组织，使正常的神经组织处在一个安全、可耐受的放射剂量之内，这样对周围的正常组织的保护起到了决定性作用。所以说，伽玛刀在治疗颅内肿瘤的时候很少会有损伤正常组织的情况。

进行TPS三维立体治疗规划的前提是，要有一个精确的核磁定位图像，只有高精度的定位才能做出高质量的治疗计划。我们利用高场强的核磁共振对安装了立体定位头架的患者进行薄层(3mm)的轴、冠位扫描，通过在扫描图像上的立体定位图框上的白色亮点的测量来调整患者头部的位置，这样会尽可能的减少在定位过程中的人为误差，误差是不能避免的，但是可以减少的，仪器会把定位的误差降低到0.5毫米以内。

伽玛刀适宜于脑膜瘤、垂体瘤、神经纤维瘤等良性肿瘤及胶质瘤、脑转移瘤、黑色素瘤、血管网织细胞瘤等脑部肿瘤的切除；伽马刀也可以对身体其他部位的肿瘤进行手术治疗，对如癫痫、动脉畸形、三叉神经痛等一些功能性疾病进行治疗。

伽玛射线立体定向放射治疗系统，是一种融立体定向技术和放射外科技术于一体，以治疗颅脑疾病为主的立体定向放射外科治疗设备。它采用伽玛射线几何聚焦方式，通过精确的立体定向，将经过规划的一定剂量的伽玛射线集中射于体内的预选靶点，一次性、彻底地摧毁点内组织，达到外科手术切除或损毁的效果。病灶周围正常组织在焦点以外，仅受单束伽玛射线照射，能量很低，而免于损伤。犹如用放大镜聚焦阳光，聚焦的焦点热量可点燃物品，而焦点外的阳光则安全。

伽玛刀分为头部伽玛刀和体部伽玛刀。头部伽玛刀有静态式伽玛刀和旋转式伽玛刀。静态式伽玛刀是将多个钴源安装在一个球型头盔内，使之聚焦于颅内的某一点。旋转式伽玛刀是在静态式的基础上改进而来，具备许多优点，是我国的专利。

科学更换的人体器官

人体是一个复杂的机体，由许许多多的器官组成，一旦某个器官生病损坏，就可能引起生理的变化，甚至可以威胁人的生命安全。由于科学技术的发展，特别是医学科学的进步，现在已经可以像更换机器零件那样移植一个人造器官。

治疗、修复、或移植更换一个器官，是医学领域经常遇到的问题。在医学发展史上，大概最早的器官修复，就是口腔修复的镶牙了。这项器官移植在古代就可以进行。20世纪初发现的输血疗法，也是人类移植器官的一种方法。从1967年12月2日世界首例心脏移植手术到1970年，医学界研究人员发现了组织相容性之后，器官移植手术越来越多。到1989年，器官移植技术日趋成熟。

器官移植为一些病人打开了一扇希望的天窗，但由于人体的排异反应和供体器官的稀缺，器官移植的方法还是不能满足病患的需要。

由于科学技术的进步，生物工程的迅猛发展，为人类开辟了又一途径，这就是科学家们发明的用人工方法制造的人体器官。人造器官在生物材料医学上是指能植入人体或能与生物组织或生物流体相接触的材料，或者说是具有天然器官组织的功能或天然器官部件功能的材料。

人造器官主要有3种：机械性人造器官、半机械性半生物性人造器官、生物性人造器官。

机械性人造器官是完全用没有生物活性的高分子材料仿造的一个器官，并借助电池作为器官的动力，例如：假牙、人造心脏等。目前，日本科学家已利用纳米技术研制出人造皮肤和血管。

半机械性半生物性人造器官将电子技术与生物技术结合起来。在德国，已经有8位肝功能衰竭的患者接受了人造肝脏的移植，这种人造肝脏将人体活组织、人造组织、芯片和微型马达奇妙地组合在一起。预计在今后10年内，这种仿生器官将得到广泛应用。

生物性人造器官则是利用动物身上的细胞或组织，"制造"出一些具有生物活性的器官或组织。生物性人造器官又分为异体人造器官和自体人造器官。比如，在猪、老鼠、狗等身上培育人体器官的成功试验是异体人造器官，而自体人造器官是利用患者自身的细胞或组织来培育的人体器官。

在经典童话《绿野仙踪》里那个因为没有心脏，而无法爱别人的"铁皮人"让人记忆犹新。小"铁皮人"固然令人怜惜，但现代科学技术的确能给人安装一颗"人工心脏"。英国一位被植入了金属心脏的病人在度过了7年的安详时光后，于68岁时离世。如今，生命科学是如此神奇，人类可以制造出心脏、肝脏、肾、血液、骨骼、视网膜等器官来延续生命或完善生命的功能。

目前，应用组织工程制造单一结构的组织、软骨、表皮、角膜等，已经较为成熟。器官组织工程面临的主要挑战就是在临床上如何使培育出的细胞组织可以形成特定的器官形状，以及再生器官如何培育出血管、让新器官得到充足的血液供应。希望在实验室，不仅可以培育出皮肤、膀胱组织等，在未来的某一天我们还可以在实验室培育出完整的人体器官。

科学家乐观地预料，不久以后，医生只要根据患者的需要，从患者身上取下细胞，植入预先有电脑设计而成的结构支架上，随着细胞的分裂和生长，长成的器官或组织就可以植入患者的体内。

废物堆中的凡士林

切斯博罗是美国纽约市布鲁克林的药剂师。1859 年，这位 20 岁的年轻药剂师来到宾州新发现的油田参观。

在广袤的大地上，油田一望无际，耸立着一座座高高的钻井，机器的轰鸣声显得格外单调乏味。

在一座钻井旁，一些工人正在清理抽油杆上的粘稠物，切斯博罗发现石油工人正在不耐烦地清理"杆蜡"，好奇心使他停下脚步，并与工人们攀谈起来。

他问工人们："这些粘在抽油杆上的是什么东西？"

工人们告诉他："这些讨厌的废物是杆蜡，是油井抽油杆上所结的蜡垢，这东西毫无用处。"

切斯博罗问道："这东西难道真的一点儿用处也没有吗？"一位工人说："杆蜡对钻井或许是一无是处，但用它来治疗烫伤和割伤倒还有点用。"说者无心，听者却有意。切斯博罗听后心中为之一动。他想，这东西居然能疗伤，这不是没用的东西，只是大多数人尚不了解这东西。于是，他收集了一些杆蜡的样品带了回去。

回去后，切斯博罗对这种"废物"整整研究了 11 年，终于从这些石油渣滓中提炼出一种油脂，并把它们净化成半透明的膏状物。"这膏状的油脂有什么用呢？难道这膏状物真的可以疗伤？"切斯博罗一次又一次地陷入了沉思。

一次，他的手腕碰伤了，便找来一盒药膏准备敷伤。当他打开药盒时，发现药膏变质了，上面布有绿色的霉点。他向药剂师打听，药剂师告诉他说，药膏是用动物油和植物油调制的，时间长了就要腐坏变质。

切斯博罗听了心中豁然开朗，连声道："谢谢！非常感谢！"他顾不得请药剂师为自己敷伤，捂着手腕往回跑。他想，如果能从杆措中提炼出不会腐坏变质的油膏，那就会使众多烫伤者求知若渴，油膏将会成为大量需求的产品。于是，切斯博罗决定开始研究这种油膏。他弄来了一些药物，开始了用杆蜡净化油膏调制药膏的实验。

第一个被试验的对象就是他自己。实验证明是成功的，他涂上药膏的手腕很快就恢复了。

为了完善他的发明，他曾不止一次地把自己割伤、刮伤、烫伤，以求证这种药膏对不同病伤的治疗功效。1870 年，他完成了实验研究，建立了第一座制造油膏的工厂，并把产品命名为"凡士林"。

今天，凡士林行销全世界 140 多个国家，消费者找到了几千种使用它的方法：制作化妆品、润滑剂、防锈剂等离不开它；在医药领域，凡士林也是常用的药物；渔民把成团的凡士林放在钓钩上当饵；妇女用它擦去眼皮上的化妆品；游泳者在跳入冰冷的水中之前全身先涂抹一层凡士林来防冻；汽车主人把它涂在电池线头上用来防腐……

1933 年，切斯博罗去世。他对自己能活到 96 岁并不感到惊讶。生病之时，他从头到脚都涂抹了医用凡士林，并说他的长寿完全得益于凡士林。

抗生素里的青霉素

自古以来，人类就同各种疾病作斗争，但几千年来困扰着人类的传染病，仍是威胁人类生命的大敌。一代一代的科学家在传染病的预防和治疗方面做了不懈的努力。科学研究发现，细菌是传染病的罪魁祸首，于是人们就千方百计寻找杀死传染病细菌的新药。

英国细菌学家弗莱明的研究发现了青霉菌并提炼出青霉素，这使人类战胜传染病成为了可能，并开辟了用抗菌素防治传染病的新时代。

弗莱明出生在苏格兰的亚尔郡，他的父亲是个勤俭诚实的农夫，在家中兄弟姐妹 8 个中，弗莱明是最小的一个。由于家道中落，他不能受到高等教育，16 岁便出来谋生。在 20 岁那年，继承了姑母的一笔遗产，才得以继续完成学业。25 岁的弗莱明在医学院毕业之后，一直从事医学研究工作。他是一个脚踏实地的人，不尚空谈，只知默默辛苦地工作。起初，人们并不重视他，那里许多人当面叫他小弗莱，甚至背后嘲笑他，给他起了一个外号叫"苏格兰老古董"。

1928 年，弗莱明在伦敦大学讲解细菌学，无意中发现霉菌有杀菌作用，这种霉菌在显微镜下看来很像刷子，所以弗莱明便叫它为"盘尼西林"。

这天，弗莱明在他的一间简陋的实验室里研究导致人体发热的葡萄球菌。由于盖子没有盖好，他发觉培养细菌用的琼脂上附了一层青霉菌。这是从楼上的一位研究青霉菌的学者的窗口飘落进来的。使弗莱明感到惊讶的是，在青霉菌的近旁，葡萄球菌忽然不见了，这个偶然的发现深深吸引了他。弗莱明仔细地思索着："奇怪，绿色霉的周围，怎么没有葡萄球细菌呢？难道它能阻止细菌的生长和繁殖？"细心的弗莱明不错过任何一个可疑的现象，苦苦地思虑下去。

为了找出答案，他设法培养这种霉菌并进行多次试验。实验证明，青霉素可以在几小时内将葡萄球菌全部杀死。据此，弗莱明发明了葡萄球菌的克星——青霉素。

他的研究证实，这种绿色霉是杀菌的有效物质。他给这种物质起个名字叫青霉素。

1929年，弗莱明发表了学术论文，报告了他的发现，但当时未引起重视，而且青霉素的提纯问题也还没有解决。

1935年，英国牛津大学生物化学家钱恩和物理学家弗罗里对弗莱明的发现极感兴趣。钱恩负责对青霉菌的培养和青霉素的分离、提纯、强化等工作，弗罗里负责对动物的观察试验。两人的分工合作使青霉素的抗菌力提高了几千倍。至此，青霉素的功效得到了证明。

由于青霉素的发现和大量生产，挽救了千百万肺炎、脑膜炎、脓肿、败血症患者的生命，及时救治了许多伤病员。青霉素的出现轰动了世界。为了表彰这一造福人类的贡献，弗莱明、钱恩、弗罗里于1945年共同获得了诺贝尔生理学和医学奖。

手术安眠中的麻醉药

100多年以前，开刀对于医生和病人都是一件十分可怕的事情。

那时候，西方的麻醉术还没有发明，病人都是在难以忍受的极度痛苦中接受手术的。如今，在英国伦敦医院里还陈列着一座巨大的吊钟。当年，这座大钟曾悬挂在医院的大厅里。每当开刀的病人因疼痛拼死挣扎时，大钟便敲响，紧急召集医院值勤人员赶往手术室，紧紧按住痛苦挣扎的病人，使手术继续进行。每一次手术，不仅病人十分痛苦，就连外科医生也觉得是个可怕的负担。

在古老的东方，距今 1700 多年前，东汉的名医华佗曾发明过一种"麻沸散"的中药麻醉剂，病人服后会暂时失去知觉，且可以接受各种手术而不觉得痛苦。可惜，这种药的单方很早就失传了。这只是一个传说，并没有可靠的科学证据，因此也没有得到一致认可。

西方麻醉药的发现，最早可追溯到 1799 年英国化学家戴维发明的"笑气"，也就是一氧化二氮。这种气体虽有麻醉作用，可效力较小。1845 年 1 月，美国牙科医生威尔斯在波士顿一家医院里，公开进行在笑气麻醉下的无痛拔牙手术，结果由于麻醉不足，病人在手术过程中大声喊叫。一时间，哄嘘声四起，人们把威尔斯当作骗子，赶出了医院。

一天，美国医生莫尔顿去拜访化学家杰克逊。杰克逊说，昨天他和他的朋友们玩纸牌，正当兴头上，天却暗下来了，杰克逊一面打牌，一面给台灯添加酒精，匆忙中把一瓶同样是无色透明的液体——乙醚，当作酒精加进了灯肚。灯点燃后，整个房间弥漫着一股异样的清香，不一会儿，杰克逊和他的牌友们竟都昏昏入睡了。醒来时，已近半夜时分。这个有趣的故事让莫尔顿听得出神，他的心头闪现出新的希望。于是，他匆匆地赶回实验室，立即着手准备，利用挥发性很强的乙醚作麻醉试验。

莫尔顿牵来一条狗，让它吸入乙醚蒸汽，几分钟后，这条狗昏然入睡。莫尔顿又接连做了多次动物试验，充分证实了乙醚的麻醉作用。

1846 年 10 月 16 日，还是在当年威尔斯被哄下台的那所医院里，莫尔顿公开表演乙醚麻醉术，由波士顿的著名外科医生华伦主刀，进行一例下颚血管瘤切除手术。

当天，进行手术的大厅和走廊上挤满了热心的观众。手术时刻到了，可是负责麻醉的莫尔顿却没有露面。华伦医生焦急地踱来踱去，四周的观众也开始窃窃私语。10 分钟过去了，华伦医生和观众已等得不耐烦了。

就在这时，莫尔顿手捧麻醉器具推门而入。原来，莫尔顿为了保证手术成功，对乙醚麻醉器具进行了充分调试。

手术开始了，神色镇定的莫尔顿，心里捏着一把汗。这次手术是对乙醚麻醉的重大考验，因为血管瘤的病灶比较大，手术时必定会引起病人难以忍受的疼痛。但是，在乙醚麻醉下，病人呼吸沉稳，安静入睡。

手术十分顺利地结束了。过了一会儿，病人才慢慢地苏醒过来。

病人用手摸着下颚手术切口层层包着的纱布，怀疑自己是否在做梦时，华伦医生在一旁亲切地说："手术可以不痛，这再也不是在做梦了！"接着，他抬头向观众大声宣告："先生们，这是真的，没有一点欺骗！"观众席上一片欢呼，人们为这近乎神奇的麻醉效果赞叹不已。

麻醉术的发明，为外科手术开辟了新纪元。乙醚，这种可以使手术无痛的药物，立刻被推广到全世界。在它的启发下，英国产科医生辛普逊在1847年冬天又发现了一种比乙醚麻醉作用更强的药物——氯仿，化学名称叫三氯甲烷。此后，各种局部麻醉药及各种麻醉的新方法被相继发现。从此，外科医学进入了一个飞速发展的新时代。

农桑田埂下的酿酒技艺

人类酿酒的历史已有数千年。人们通过长期酿酒的实践活动，认识到了霉菌的生物化学作用，即：酿造时利用某种微生物，先使少量谷物发霉变成"酒曲"，再用酒曲使大量谷物糖化和酒化，进而酿造出各种美酒。酿酒确实是一个既经济又有效的杰出发明。

3000多年前，古埃及人就造出了麦酒；西欧各地则采用谷物或水果为原料，用发酵法酿制各式果酒。因此，埃及和希腊的葡萄酒一直闻名于世。在中亚、西亚各国，葡萄酒也是重要产品之一，并在公元前2世纪传入中国。同样，美洲大陆的原始居民，也已酿造出他们喜用的美酒。

那么，世界上究竟是谁先发明了酿酒技术呢？这个问题目前无法考证。由于酿酒技术是不断发展的，所以酿酒是各族民众经过世代不断的努力而共同改进、创新、完善的。我们目前可知的，也许就是不可考的片段记载或古老传说。酒神杜康就是其中神秘的一段。

中国是文明古国，也是世界上发明酿酒技术最早的国家。据有关出土文物考证，中国的酿酒技术大约出现在公元前9000—前7000年的新石器时期。但是，究竟是谁发明的，是一个未解之谜。

杜康，字仲宁，相传为县康家卫人，善造酒。康家卫是一个至今还有的小村庄。村边有一道大沟，长约10公里，最宽处100多米，最深处达百米，人们叫它杜康沟。沟的起源处有一眼泉，四周绿树环绕，草木丛生，名杜康泉。传说，杜康将未吃完的饭食放置在桑园的树洞内，饭食在洞中发酵后，就有芳香之气传出。因此，杜康就发明了酿酒的技术。

由生活中的偶然性为契机，启发创造发明之灵感，十分合乎发明创造的规律。这段记载在后世流传，杜康便成为留心周围小事而受启发并有所为的发明家了。据《战国策》、《世本》、《说文解字》等对杜康的记载，杜康造酒也不过是约4000年前的事。但中美考古学家在1999年以来对河南贾湖遗址的考古发掘中，发现了目前中国最早的酿酒证据，将中国酿酒的历史又向前推进了近4000年。中美专家对遗址中的一批陶器进行研究，发现这些数千年前的陶器碎片上留有一些沉淀物。美国宾夕法尼亚大学考古化学家麦戈文对此进行化验。结果显示，这些沉淀物含有酒类挥发后的酒石酸，因此可以肯定，这些陶器一定存放过"千年美酒"。同时，科学家在沉淀物中还发现了与现代稻米相同的化学成分。研究人员认为，从对考古中发现的野葡萄、野山楂的果核及对当地植物的分析看，古代先民很有可能在米酒里加入葡萄或山楂等水果进行综合发酵，酿制口感更佳的美酒。

意料之外的可口可乐

也许你很喜欢喝可口可乐，因为这种饮料是风靡世界的一种碳酸饮料。全世界近200个国家的消费者，每天消费超过10亿杯可口可乐。

可口可乐是由美国一位著名的医学家、药剂师兼药店的老板发明的。而且，这个发明纯属意外。

19世纪80年代，在美国佐治亚洲亚特兰大市，有一家药店。这个药店规模虽然不大，却能经常出售新药和特效药。因此，药店总是顾客盈门，效益奇好。经营药店的老板是美国著名的医学家约翰·潘伯顿。

约翰·潘伯顿于1841年出生。他父亲是一名医生。小时候，他从父亲那里学到了不少医学知识。长大后，他成为一名医药博士，并专心经营药店。

约翰·潘伯顿是一个平时爱看书学习、思维十分活跃的人。

1886年5月的一天，热辣辣的太阳照在大地上。约翰·潘伯顿像往常一样，躺在安乐椅上看着一本医学杂志。杂志上有一篇报道引起了他的注意。报道说，在1884年，美国有一位医生从古柯树上提取了一种名叫古柯碱的物质，这种物质具有止痛的功效。潘伯顿心想：疼痛是病人常见的病症，如能用它配制成止痛的药，那将减轻病人的痛苦而深受欢迎！于是，潘伯顿的药店开始大量收购古柯树的树叶和树籽。潘伯顿和一位名叫贺斯的伙计一起，从古柯树的树叶和树籽中提取古柯碱，经过反复试验，配制成功了一种能治疗头痛病的药水。潘伯顿把这种深绿色药水取名为"古柯柯拉"。

　　"古柯柯拉"药水经过临床试验，效果很好，因此常常供不应求。

　　一天中午，当地一位顾客提着一只木桶，来到药店柜台前，要买"古柯柯拉"。潘伯顿正要把"古柯柯拉"装入木桶，那位顾客连连摇头。他告诉潘伯顿，上一次，他的伙计贺斯卖给他的是深红色的"古柯柯拉"，而不是这种深绿色的"古柯柯拉"。顾客还说，深红色的"古柯柯拉"很好喝，既解渴又解乏，所以他今天特来多买一些！顾客对潘伯顿解释了很长时间，潘伯顿觉得其中一定有文章。

　　几天后，潘伯顿把已经解雇的贺斯重新招回来问个明白。

　　原来，贺斯见药店里"古柯柯拉"已经不多了，就将"古柯柯拉"与许多饮料掺和在一起出售。谁知，这种随意的配制使"古柯柯拉"变成了深红色，而且深受顾客欢迎。在了解实情后，潘伯顿钻进药剂室，反复地将"古柯柯拉"与各种饮料按不同的比例进行配制。他夜以继日，一连用了3个多月时间，终于成功配制成了那种风味独特、爽口解渴的深红色的"古柯柯拉"。

流光溢彩的电影

　　早在1829年，比利时著名物理学家约瑟夫普拉多发现：当一个物体在人的眼前消失后，该物体的影像还会在人的视网膜上滞留一段时间。这一发现，被称之为"视象暂留"原理。

　　普拉多据此原理于1832年发明了"诡盘"。"诡盘"能使描画在锯齿形纸盘上的画片因运动而活动起来，而且能将视觉产生的活动画面分解为各种不同的形象。"诡盘"的出现，标志着电影的发明进入了科学实验阶段。1834年，美国人霍尔纳的"活动视盘"试验成功。1853年，奥地利的冯乌却梯奥斯将军在上述发明基础上，运用幻灯，放映了原始的动画片。

摄影技术的改进与发展，为电影的发明提供了必备条件。早在1826年，法国的W·尼埃普斯成功地拍摄了世界上第一张照片"窗外的景"，曝光时间8小时。初期银板照相出现以后，时间缩短至30分钟左右。由于感光材料不断更新，拍摄时间也在不断缩短。1840年，拍摄一张照片仅需20分钟。1851年，湿性珂珞酊底版制成后，拍摄时间缩短到1秒。此时，"运动照片"的拍摄已在克劳黛特、杜波斯克等人的实验中获得成功。

1872—1878年，美国旧金山的摄影师爱德华慕布里奇用24架照相机拍摄骏马奔腾的分解动作。经过6年多的无数次拍摄，实验终于成功，接着又在幻灯上放映成功。由此受到启发，1882年，法国生理学家马莱改进了连续摄影方法，试制成功了"摄影枪"，并在另一位发明家强森制造的"转动摄影器"的基础上，研制了"活动底片连续摄影机"。

1888—1895年，法、美、英、德、比利时、瑞典等国都进行了拍摄影像和放映的试验。1888年，法国人雷诺试制了"光学影戏机"，用此机拍摄了世界上第一部动画片《一杯可口的啤酒》。1889年，美国的爱迪生在发明电影留影机后，经过5年的实验，发明了电影视镜。他将摄制的胶片在纽约公映，一次放几十英尺的胶片，内容是跑马、舞蹈表演等，轰动全国。他的电影视镜利用胶片的连续转动，造成活动的幻觉，可以说最原始的电影发明应该属爱迪生。他的电影视镜传到我国后被称之为"西洋镜"。

法国科学家奥古斯特·卢米埃尔和路易·卢米埃尔兄弟俩对电影的研制很感兴趣，在爱迪生的"电影视镜"和他们自己研制的"连续摄影机"的基础上，攻克技术难题，研制出真正的电影。

1894年，一天深夜，路易在设计胶片传送的模拟图时忽然想到：缝纫机缝衣服时，衣料不正是做"一动一停"的运动吗？当缝纫机针插进布里时，衣料不动；当缝纫机针缝好一针向上收起时，衣料就向前挪动一下，这不是与胶片传送所要求的方式很相像吗？于是，他兴奋地告诉哥哥奥古斯特，可以用类似缝纫机压脚那样的机械所产生的运动来拉动片带。当这个牵引机件再次上升的时候，尖爪便在下端退出洞孔，而使胶片静止不动。经试验，路易的想法果然可行。后来，奥古斯特在一篇文章中说："我的弟弟在一个夜晚就发明了活动电影机。"此外，他们兄弟俩还利用其他研制成果，对原始电影做了多项改进。

1895 年 12 月 28 日，巴黎一些社会名流应卢米埃尔兄弟的邀请，来到卡普辛大街 14 号大咖啡馆的地下室观看电影。观众在黑暗中，看到了白布上的逼真画面。一位记者这样报道："一辆马车被飞跑着的马拉着迎面跑来，我邻座的一位女观众看到这一景象十分害怕，以致突然站了起来。"这就是世界上第一部真正的电影，它意味着电影技术的成熟。

滴答声讯中的电报

1832 年秋天，美国人莫尔斯到法国去旅行，之后乘"萨利号"客轮从法国返回美国。轮船在海上要航行好多天，海上的生活非常枯燥乏味，旅客们常坐在一起，借闲聊打发时光，餐厅常常成为人们聚会的好地方。

这天，莫尔斯用完餐之后在一旁津津有味地听人们聊天。这时，一个名叫杰克逊的人在讲述他的欧洲之行。

杰克逊是到巴黎参加一个电学讨论会的，为了与大家共同消磨时光，他从包里取出一件新鲜的玩意儿，摆弄给大家看。只见杰克逊像魔术师一样，把几只铁钉放在桌上，然后取出一只绕了绝缘铜丝的马蹄形磁铁。当他把铜丝接通电池时，桌上的铁钉竟然像着了魔似地全被吸到了铁块上。杰克逊把电断开，铁钉都掉了下来，再通电，铁钉又被吸住了。

当时，船上所有的旅客，只是把它当做一件"新鲜的玩意儿"，谁也没有去想，谁也没有想到，这"玩意儿"还能创造人类的奇迹。

莫尔斯的心却被震动了。回到船舱之后，他反复地回想着杰克逊的小实验，想着他有关电学的种种话题。他想："如何把这神奇的现象运用到人们的实际生活中去会怎么样呢？我一定要找到它的实际用途，使电流为人类服务。"这一夜莫尔斯失眠了，好奇心已开始转化为一种带有责任感的思考。他想到自己在法国见到的信号中转站，"如果把电流用于信号传递，一定大有用武之地。"

回到纽约后，一直从事美术工作的莫尔斯改行了，开始研究起电信号传递来。一切都得从头学起，困难一个个向他袭来，但他没有气馁。莫尔斯一边勤奋地学习起有关电学的知识，一边搞起实验来。那时候，电学是刚出现的学科，一切都不完备，到处都找不到需要的实验材料，哪怕是现在看来很简单的电器小零件，那时也没有。莫尔斯一边做实验，一边还得动手作各种需要的零件。整整4年，他把自己的全部精力都放在了实验上。功夫不负有心人，实验终于取得了实质性进展。

1844年5月24日，莫尔斯的心情非常激动，因为从华盛顿市到巴尔的摩市之间的电报线完工了，他将在这里——美国国会大厦最高法院的议会大厅——向各界来宾演示他发明的电报机。这一天，他把电文成功地传到了40英里外的巴尔的摩市。

"滴滴，滴滴滴，滴嗒，滴嗒……"莫尔斯用自己发明的电码，也就是现在称为的莫尔斯电码，发出了人类有史以来的第一份有线长途电报。这份电报只有一句话："上帝创造了何等的奇迹。"这句话是从《圣经》中选出来的，但真正的上帝正是具有非凡创造力的人类。

驱走黑暗的白炽灯

在电灯问世以前，人们普遍使用的照明工具是煤油灯或煤气灯。这种灯因燃烧煤油或煤气，因此有浓烈的黑烟和刺鼻的异味，并且要经常添加燃料，擦洗灯罩，很不方便。更严重的是，这种灯很容易引起火灾，酿成大祸。直到科学家们发明了电以后，有人才设法发明一种既安全又方便的电灯。

爱迪生在认真总结前人制造电灯的失败经验后，制定了详细的试验计划，分别在两方面进行试验：一是对1600多种不同耐热的材料进行分类试验；二是改进抽空设备，使灯泡有高真空度。他还对新型发电机和电路分路系统等进行了研究。

1878年9月，爱迪生认真总结了前人制造电灯的失败经验后，决定向电力照明这个难题发起挑战。他翻阅大量的有关电力照明的书籍，决心制造出价格合理、经久耐用，安全可靠的电灯。

爱迪生认为，延长白炽灯寿命的关键是提高灯泡的真空度和采用耗电少、发光强、价格便宜的耐热材料作灯丝。在爱迪生研制白炽灯泡灯丝材料的过程中，曾试验过棉线、细木条、稻草、纱纸、线、马尼拉麻绳、马鬃、钓鱼线、麻栗、硬橡皮、栓木、藤条、玉蜀黍纤维，甚至人的胡须和头发。

1879 年 10 月 21 日的傍晚，爱迪生和助手们成功地把炭精丝装进了灯泡。一个德国籍的玻璃专家按照爱迪生的吩咐，把灯泡里的空气抽到只剩下一个大气压的百万分之一，封上了口，之后爱迪生接通电流。他们日夜盼望的情景终于出现在眼前：灯泡发出了金色的亮光！在连续使用了 45 个小时以后，这盏电灯的灯丝才被烧断，这是人类第一盏具有广泛实用价值的电灯。后来人们就把这一天定为电灯发明日。之后，爱迪生还一直致力于白炽灯的改进。为了提高灯泡的质量，延长灯泡的寿命，爱迪生想尽一切办法寻找适合制灯丝的材料。到 1880 年 5 月初，他试验过的植物纤维材料共约 6000 种。在很长的一段时间里，爱迪生派出很多人前往世界各地寻找适合制作灯丝的竹子。直至 1908 年，用了 9 年的时间才找到理想的碳丝原料——日本竹。

成功并未使爱迪生停步，他在继续寻找比碳化棉更坚固耐用的耐热材料。1880 年，爱迪生又研制出碳化竹丝灯，使灯丝寿命大大提高。同年 10 月，爱迪生在新泽西州自行设厂，开始钨丝进行批量生产，这是世界上最早的商品化白炽灯。

爱迪生经过一万次试验失败之后才使灯泡发光。他说："每一次试验，我都能成功地除去一种障碍，最后我终于找出一万个会使灯光不亮的原因来。"

传送千言万语的收音机

收音机是 20 世纪的一项重要发明，这种技术的发明极大地促进了知识的传播和人类文明的进步。

收音机是接收无线电广播电台发射的无线电信号的装置。它的发明，经历了一个不断完善和发展的过程。

1906年12月34日圣诞节前夕晚上8点钟左右，在新英格兰海岸外，航行在近海的船只，忽然从耳机中听到了亲切的话语和优扬的乐曲，使他们第一次听到来自远方的圣诞祝福，船员们激动万分。这是人类历史有史以来进行的第一次无线电广播。这次广播，尽管只播出了几分钟，却永远载入史册。

进行这次广播实验的科学家是美国的发明家费登森。1921年，当费登森听到马可尼飞越3700公里大西洋的无线电报取得成功的时候，一个大胆而又自然的想法就在头脑中产生了：能不能让无线电波传递声音呢？一种发明创造的激情，促使费森登立即投入实际工作。1902年，他在马萨诸塞州建立了自己的实验室。为了实现他的理想，费森登进行了整整4年的研究工作，但仍有一个关键的问题未能解决。

美国电子工程师德·福雷斯特发明了真空三极管给费森登的研究带来了希望。由于真空三极管能够放大电信号，费森登便利用它做成放大电路，将话筒的音频信号电流放大，从而对高频震荡电流进行了调制。于是，开始了人类的第一次无线电广播。

1910年，美国的邓伍迪和皮卡特发明了世界上第一台矿石收音机。这种机器由一种硫化铅晶体的方铅矿同几种简单的元件连接而制成。它的出现使人们能够自己动手装配收音机，并用它来接收最早的无线电广播。

1917年，法国的列维证明了超外差式接收原理，极大地简化了接收机的调谐过程。不管接收的电台频率是多少，经过变频后，就单一而固定了。这样，收音机变频器以后的各个部分只需要一种调频电路，从而简化了收音机的结构，增强了稳定性能，提高了放大功率。

由于超外差技术及其相关技术的突破，极大地促进了广播事业的发展。世界各地纷纷建立了自己的无线电广播电台。1920年6月，英国马可尼公司利用广播转播了音乐会的盛况。同年，美国的西屋电气公司的广播站利用广播报道了总统选举的情况。1920年11月，英国BBC广播公司的前身伦敦2LO广播站开始进行每日的广播节目。这一时期的德国、法国、荷兰等国家都正式开办了自己的广播节目，法国还把巴黎的埃菲尔铁塔变成了法国广播电台的天线塔。

随着晶体管的发明，1955年，日本索尼公司成功研制世界上第一台晶体管收音机。以后，随着半导体技术的迅速发展，收音机越来越朝着小型化、多功能化方向发展。

1995年，香港一家公司生产了一种微型收音机，这种可以挂在耳背的上"小玩意儿"，可使人们在跑步、骑自行车或户外活动时轻松地收听广播节目。

经过几十年的发展，无线电广播已经形成了一个庞大的通讯网。随着视听技术的不断进步，电视、多媒体进入了千家万户，给人们的工作、生活、娱乐带来很大的方便。收音机以它小巧、灵活、经济、实用的特点，仍然受到人们的喜爱。

播放世间百态的电视机

随着无线电技术广泛应用到通讯、广播等领域，许多发明家受到启发，构想一种能传播现场节目的机器——电视机。贝尔德，这个不到20岁的英国青年也加入了这个行列。

贝尔德在英格兰西南部的黑斯廷斯，建造了一个简陋的实验室。由于缺乏实验经费，只好用一只盥洗盆做框架和一只破茶叶箱相连，箱上安装了一只从废物堆里捡来的电动机，它可转动用马粪纸做成的四周戳有小洞洞的"扫描圆盆"，还有装在旧饼干箱里的投影灯。这一切凌乱的东西被贝尔德用胶水、细绳及电线串在一起，成了他发明机的实验装置。贝尔德知道电视机的原理：应该把要发送的场景分成许多小点儿，暗的或明的，再以电信讯号的形式发送出去，在接收端让它重现出来。

经过18年的努力，1924年春天，贝尔德成功地发射了一朵十字花。但发射的距离只有3米，图像也忽有忽无，只是一个轮廓。为了找明图像不清晰的原因，贝尔德又开始了新一轮实验。他把上百个干电池连接起来，接通了电路，可是不小心左手触到了一根裸露的连接线，高达2000伏的电压立即把他击倒在地，他昏迷了过去。第二天，伦敦《每日快报》用大字标题报道了贝尔德触电的消息。贝尔德一时间成了英国的新闻人物。贝尔德灵机一动，利用报纸筹集资金。他为记者们做了一次实物表演。伦敦的一家无线电老板闻讯赶来，表示愿意提供经费，但要收取发明收益的一半份额。贝尔德同意了这样苛刻的要求，实验装置从黑斯廷斯运到了伦敦。但经费即将用尽了，实验似无重大突破。此时，一家百货店的老板又与他签订了一份合同，每周付他25英镑，免费提供一切材料，但贝尔德必须在他商店门前操作表演。由于现场表演的失败，贝尔德日见艰难，忍痛把设备卖掉来维持生活。他家乡的两个堂兄弟得知贝尔德陷入绝境后，给他寄来500英镑。贝尔德得救了，立即投入到新的实验中。

　　成功的日子终于来到了，终日陪伴他的木偶头像"比尔"的脸部特征被清晰地显现在接收机上，这一天是1925年10月2日。贝尔德震惊了英国，资助他的人纷纷涌来。贝尔德更新了设备，开始更大规模的实验。1928年，贝尔德把伦敦传播室的人像传送到纽约的一部接收机上。不久，又出现新的奇迹：贝尔德把伦敦一位姑娘的图像传送给了正在远洋航行的未婚夫。贝尔德的名字在全世界传开了。他申请在英国开创电视事业，没有得到批准，但要求电视的人越来越多。经过长时间激烈的辩论，英国议会决定开展电视节目。

　　1936年秋，英国广播公司正式从伦敦播送电视节目。此时的贝尔德又开始埋头研究彩色电视。1941年12月，贝尔德传送的首批完美的彩色图像获得成功。1946年6月的一天，英国广播公司开始播送彩色电视节目，但劳累过度的贝尔德却在这一天病倒了，没有收看他的研究结果。6天后，他离开了人世，终年58岁。

　　在英国南肯辛顿科学博物馆里，游人能看到贝尔德发明的第一架电视机，还有陪伴他多年的木偶比尔。比尔咧嘴笑着，仿佛在向游人诉说贝尔德的发明故事，也好象在为贝尔德的成功而欢欣……

保鲜冷藏的电冰箱

　　早在几千年前，人们就懂得用天然冰保存食物的方法，但这是一件奢侈的事情，因为那时没有制冷设备，况且在热带地区或在炎热的夏季，很难找到天然冰。

　　18世纪，澳洲的畜牧业发展很快，羊肉生产过剩，当地的牧主就想把羊肉销往欧洲，采用的就是用天然冰来冷冻的。一次，他们在船上装上了20顿羊肉，并装满了大量的天然冰。可是，到达英国的时侯，20吨羊肉都融化腐烂变质了。原来，在船经过赤道时，由于气温过高，船舱里的冰都融化。这件事使人们认识到，依靠天然冰冷冻食品是不可靠的。于是，有一些科学家投入到新的冷冻方法研究中。

一个在英格兰工作的美国人雅可比·帕金斯有了一个发现，这一发现导致了冰箱的发明。1834年，他发现某些液体蒸发时会有一种冷却效应，便请来一群技工来制造一个可证实这个想法的模型。果然，这个装置在某个晚上真的产生了一些冰。技工们兴奋地拿着冰，向帕金斯展示取得的成果。

由于帕金斯当时上了年纪，没有向公众展示自己的发明。把这个发明变成商品销售的人是生活在澳大利亚的一个苏格兰印刷工——约翰·哈里森。哈里森很可能在并不了解帕金斯成果的情况下发现了冷却效应。一天，他用乙醚来清洗金属印刷铅字，注意到了物质的冷却效应。1862年，他的第一批冰箱上市了。哈里森还在维多利亚州本狄哥一家啤酒厂里设置了第一个制冷车间。

英国物理学家法拉第，在实验中早已发现人工制冷的原理，但当时没有想到如何利用。这个制冷原理为后来的科学家提供了研究的依据。化学家林德首先注意到了法拉第的发现，通过大量的试验，他提出制造冷冻机的设想，并制成用氨来制冷的冷冻机。1876年，化学家蒂尔利用林德制造的冷冻机，制造了一艘冷冻船，船上安装了一台氨蒸汽压缩式制冷机。但是，由于在航行时冷却盘管漏水，致使冷却系统失灵。当船航行到伦敦时，船上所载的羊肉还是全部变质了。此后，研究人员不断改进，直至1880年世界上第一艘冷冻船把澳洲羊肉安全运到伦敦。

1879年，德国工程师卡尔·冯·林德制造出了第一台家用冰箱。20世纪20年代，电动冰箱未发明出来以前，还没在家庭中普及。于是，有人开始研究小型家用冰箱。1923年，瑞典工程师布赖顿和孟德斯发明了用电动机带动压缩机的电冰箱。这台电冰箱的压缩机和食物冷冻箱是分开的，压缩机放在地面，以管道和冷冻箱相连接。因这种冰箱的制冷剂有浓重的气味，影响人的健康，且体积过大，并没有进行商业化生产。

1910年，世界上第一台压缩式制冷的家用冰箱在美国问世。1925年，瑞典丽都公司开发了家用吸收式冰箱。1927年，美国通用电气公司研制出全封闭式冰箱。1930年，采用不同加热方式的空气冷却连续扩散吸收式冰箱投放市场。

1930年，美国工程师米德莱根据化学元素周期律，选择了一组氟氯化物作为研究对象，成功地发现了理想、高效的制冷剂——氟利昂。这种制冷剂毒性小、不易燃烧、挥发性大，是一种不错的制冷剂材料。后来，发现氟利昂破坏臭氧层，便开始研究无氟环保冰箱，比如：利用电磁振动机作为动力来驱动压缩机的冰箱、利用太阳能作为制冷能源的冰箱等。

解放双手的洗衣机

今天，对于许多人来说，没有洗衣机的生活是难以想象的。洗衣机的发明代替了繁重的家务劳动。

1858年，一个叫汉密尔顿·史密斯的美国人在匹茨堡制成了世界上第一台洗衣机。这台洗衣机的主件是一只圆桶，桶内装有一根桨状的直轴，轴是通过摇动和它相连的曲柄转动的。这台洗衣机是用手来操作的，使用费力，且损伤衣服，并没有得到人们的欢迎，但这一发明却标志着用机器洗衣的开端。

1859年，在德国出现了一种用捣衣杵作为搅拌器的洗衣机，当捣衣杵上下运动时，装有弹簧的木钉便连续作用于衣服。19世纪末，洗衣机已发展到一只用手柄转动的八角形洗衣缸，洗衣时缸内放入热肥皂水，衣服洗净后，由轧液装置把衣服挤干。

美国人比尔·布莱克斯发明了木制手摇洗衣机，构造极为简单。木筒里装有6块叶片，用手柄和齿轮传动，使衣服在筒内翻转，从而达到"净衣"的目的。这套装置的问世，让那些为提高生活效率而冥思苦想的人士大受启发，改进洗衣机的进程大大加快。1880年，美国又出现了蒸气洗衣机，蒸气动力开始取代人力。

进入电力时代以后，电动机首次应用到家庭电器中，这为能真正代替人力洗衣提供了前提。1901年，美国人阿尔瓦·J·菲舍发明了第一台电动洗衣机。这台洗衣机器，除了手柄被一个电动机取代之外，其他部分都与手动洗衣机相同。

1922年，美国玛塔依格公司改造了洗衣机的洗涤结构，把拖动式改为搅拌式，使洗衣机的结构固定下来。这种洗衣机是在筒中心装上一个立轴，在立轴下端装有搅拌翼，电动机带动立轴，进行周期性正反摆动，使衣物和水流不断翻滚、相互摩擦，起到清除污垢的作用。搅拌式洗衣机结构科学合理，受到人们的普遍欢迎。

1932年，美国本德克斯航空公司成功研制第一台前装式滚筒洗衣机。洗涤、漂洗、脱水在同一个滚筒内完成。这意味着电动洗衣机的形式跃上一个新台阶，朝自动化又前进了一大步！

第一台自动洗衣机于1937年问世。这是一种"前置"式自动洗衣机。靠一根水平轴带动的桶缸可容纳4000克衣服。衣服在注满水的缸内不停地上下翻滚，去污除垢。20世纪40年代，又出现了"上置"式自动洗衣机。

随着工业化的加速，世界各国也加快了研制洗衣机的步伐。首先由英国研制并推出了一种喷流式洗衣机，靠筒体一侧的运转波轮产生的强烈涡流，使衣物和洗涤液一起在筒内不断翻滚，从而洗净衣物。

1955年，在引进英国喷流式洗衣机的基础之上，日本研制出独具风格、流行至今的波轮式洗衣机。至此，波轮式、滚筒式、搅拌式洗衣机在生产领域三分天下的局面初步形成。

20世纪70年代后期，安装了微处理器控制的全自动洗衣机在日本问世，开创了洗衣机发展的新阶段。

20世纪80年代，"模糊控制"的应用使洗衣机操作更简便、功能更完备、洗衣程序更人性化、外观造型更为时尚。

20世纪90年代，随着电机驱动技术的发展与提高，日本生产出以电机直接驱动的洗衣机，省去了齿轮传动和变速机构，引发了洗衣机驱动方式的革命。

伴随着科技的进一步发展，更适合人们使用的新型洗衣机，将会不断地出现。

冬暖夏凉的空调

人们对温度的高低、湿度的大小都非常敏感，因而人们向往用更好的方法来"调节"空气，以达到适宜的程度。科学技术的发展圆了这个梦，终于人们发明了空气调节器——空调。

1881年的夏天，当时的美国总统菲尔德在华盛顿遇刺，在万分危急的情况下被送到医院进行抢救，经过医生的努力，总统菲尔德很快脱离了危险。

菲尔德总统继续在医院里治疗，慢慢恢复健康。可是，当时正值炎热的夏季，医院的病房里很热，室温经常达到35℃以上，极不利于病人恢复健康。为了使总统的健康得到很好的恢复，大家绞尽了脑汁。这时，有一位官员请来了著名的矿山工程师多西，让他想办法制造一架能降低室内温度的机器。

多西是在矿场中向坑道输送空气的技术专家。他认真地思考着：空气一经压缩就会放出热，这种热量需用水进行冷却。如果把经过压缩的空气还原，则会产生冷却效果。利用这个原理，多西在医院里装上了一个大发动机，用压缩机来处理热空气，并把一根吸热的管子接到了病房内。多西成功了，室内温度很快从30℃下降到25℃左右。这个装置可以说是空气调节器的原型。

真正的空气调节器，并不是出于满足人们生活的需要，而是为了保障机器设备的正常运转才发明的。

1901年夏季，纽约地区空气湿热，纽约市布鲁克林区的萨克特·威廉斯印刷出版公司由于湿热的空气，生产大受影响，油墨总是不干，纸张因室内温度过高而伸缩不定，印出来的东西模模糊糊。为此，印刷出版公司找到了布法罗锻冶公司，寻求一种能够调节空气温度、湿度的设备。布法罗锻冶公司将任务交给了富有研究精神的年轻工程师卡里尔。

威利斯·哈维兰·卡里尔，1876年11月生于美国纽约州，24岁在美国康奈尔大学毕业后，供职于制造供暖系统的布法罗锻冶公司，成为一名机械工程师。

卡里尔想，充满蒸汽的管道可以使周围的空气变暖，那么将蒸汽换成冷水，使空气吹过水冷盘管，周围不就凉爽了；同时，潮湿空气中的水份冷凝成水珠，让水珠滴落，最后剩下的就是更冷、更干燥的空气了。基于这一设想，卡里尔通过实验，在1902年7月17日给萨克特·威廉斯印刷出版公司安装好了这台自己设计的设备，取得了较好的效果，世界上第一台空气调节器由此产生。有趣地是，在空调发明后的最初20年里，享受空调的对象一直是印刷厂、纺织厂的机器，而不是活生生的人。

1915年，卡里尔与6个朋友集资32万美元，成立了制造空调设备的卡里尔公司。1922年，该公司研制成功了具有里程碑性质的产品——离心式空调机，从此空调效率大大提高，调节范围空前增大。此时，人才成为空调服务的主要对象。接着，各大商场、影剧院等公共场所陆续安装了空调。1936年，飞机上开始配备了空调。1939年，汽车里也出现了空调。1962年，第一套冷暖空调应用于太空领域。

第二次世界大战后，家用空调的普及大大加快了。如今，空调已进入千家万户。为纪念空调改变人类生活这一伟大的发明，美国将卡里尔公司1922年制造的第一台离心式空调机陈列于华盛顿国立博物馆。

轻松清洁的吸尘器

吸尘器发明之前，人们除尘的方法是多种多样的，有用抹布的，有用小扫帚的，在英国的铁路上则用大功率的压气机往车厢里灌气，直接把垃圾吹出窗外。

19世纪，欧洲的许多家庭开始使用地毯，地毯使用时间长了容易藏污纳垢，因此清理地毯是一件很费力的事，这就促使人们动脑筋想一些更简便的清理方法。

1876年，英国人比塞尔经过多次实验，制造了一个清扫器。这个清扫器有一个盛装灰尘的箱子，还有可以更换的刷子。这个清扫器很快用在宫廷、高尔夫球场等场所大显身手。

1901年，英国土木工程师布斯来到伦敦莱斯特广场的帝国音乐厅，参观来自美国的一种车厢除尘器示范表演。这种机器用压缩空气把尘埃吹入容器内，灰尘被吹得四处飞扬。布斯对这种方法不感兴趣。不过，这使布斯茅塞顿开。他想：不应把灰尘吹走，那样灰尘会吹得到处都是，而应把灰尘吸入才对。于是，他开始研究一种新的、可以把灰尘吸进的清扫器。

回家后，他用一块手帕蒙住嘴，趴在地板上使劲地吹，结果发现手帕背面沾满了灰尘。依据多次实验的结果，布斯终于发明了世界上第一台真空吸尘器。他制作的吸尘器体积特大，是马拉的大篷车，用汽油机作动力驱动真空泵，空气和垃圾吸入软管，通过布袋将灰尘过滤。由于这个吸尘器太大，只好用马拉着在街上跑来跑去，停在用户的房屋前，由工作人员将长长的软管伸进窗里，操纵吸尘器。但是，最棘手的问题是噪音太大，因此引起一些人的反感，甚至报了警。有利的一面是，1902年，布斯的服务公司到西敏斯大教堂，清理爱德华七世加冕典礼所用的地毯，此后生意日益兴隆。

1906年，布斯制成了家庭小型吸尘器，名为"小型"，却重达44公斤，还是过于笨重而无法普及。1907年，美国俄亥俄州的发明家斯班格拉制成了轻巧的吸尘器。当时，他在一家商店里做管理员，为了减轻清扫地毯的负担，制成了一种吸尘器。这种吸尘器用电扇制成真空，将灰尘吸入机器，然后吹入口袋。由于他本人无能力生产销售，1908年把专利转让给毛皮制造商胡佛。胡佛接手后，开始制造一种带轮的"O"型真空吸尘器，销路相当好。这种最早的家用吸尘器设计比较合理，发展至今也无原理上的大改动。

这些吸尘器的清洁原理都是借助吸气作用，从地板、地毯、墙壁、家具及其他不易用扫帚清除污垢的表面吸走灰尘和干的脏物，如细线、纸屑、头发等。它的主要部件是真空泵、过滤袋（或过滤网）、软管、延长管及各种形状不同的管嘴。

现代吸尘器在附件上变化多样，为清除地毯污物，设计出了粗毛刷、细毛刷、转动毛刷；为清理墙角，设计出扁形管嘴；为清理地板，则设计出磨光刷等。

留住光影的照相机

如今是一个电子时代，商店里五花八门的数码相机已进入寻常百姓家。这种相机小巧玲珑、操作简便，记录了多彩的生活，留下了回忆的空间，带来了无穷的乐趣。

数码相机是一种利用电子传感器，把光学影像转换成电子数据的照相机。与传统照相机在胶卷上靠溴化银的化学变化来记录图像的原理不同，数码相机的传感器是一种光感应式的电荷耦合器件，在图像传输到计算机以前，通常会先储存在数码存储介质中。

数码相机是集光学、机械、电子一体化的产品，汇集影像信息转换、存储和传输等部件，具有数字化存取模式、与电脑交互处理和实时拍摄等特点。

数码相机最早出现在美国，美国曾利用它通过卫星向地面传送照片。后来，数码摄影转为民用，并不断拓展应用范围。

数码相机比照传统相机有许多优点，数码相机拍照之后可立即看到图片，从而可以删除不满意的作品，重新拍照，减少了遗憾；只需为那些想冲洗的照片付费，其他不需要的照片可以及时清理；色彩还原和色彩范围不再依赖胶卷的质量，感光度也不再因胶卷而固定；光电转换芯片能提供多种感光度选择，等等。

数码相机的历史可以追溯到20世纪40年代，那时电视已经出现。随着电视的推广，人们需要一种能够将正在转播的电视节目记录下来的设备。1951年，宾·克罗司比实验室发明了录像机，这种新机器可以将电视转播中的电流脉冲记录到磁带上。1956年，录像机开始大量生产，这意味着电子成像技术的产生。

20世纪60年代，在美国宇航员登上月球之前，美国宇航局必须对月球表面进行勘测。然而，工程师们发现，由探测器传送回来的模拟信号被夹杂在宇宙中的其他射线之中，显得十分微弱，地面上的接收器无法将信号转变成清晰的图像。于是，工程师们不得不另想办法。1970年，是影像处理领域具有里程碑意义的一年，美国贝尔实验室发明了CCD。当工程师使用电脑将CCD得到的图像信息进行数字处理后，所有的干扰信息都被剔除了。后来"阿波罗"登月飞船上就安装有使用CCD的装置，这就是数码相机的原形。"阿波罗"号登月的过程中，美国宇航局接收到的数字图像如水晶般清晰。

在这之后，数码图像技术发展得更快，这主要归功于冷战期间的科技竞争，这些技术主要应用于军事领域，大多数的军用卫星都使用数码图像技术。冷战结束之后，军用科技很快转变为商用、民用技术。1995年，以生产传统相机和拥有强大胶片生产能力的柯达公司，向市场发布了研制成熟的民用消费型数码相机DC40，被很多人视为数码相机市场成型的开端。DC40使用了内置为4MB的内存，但不能使用其他移动存储介质，38万像素的CCD支持生成756×504的图像，兼容Windows 3.1和DOS系统。苹果公司也同期在市场上推出QuickTake 100。当时，这两款相机都提供对电脑的串口连接。

这之后，数码相机如雨后春笋般不断由各相机厂商推出，CCD的像素不断增加，相机的功能不断翻新，拍摄图像的效果也越来越接近单镜头反光相机。

齿轮世界里的机械钟表

钟和表都是计量和指示时间的精密仪器。机械钟表是一种用重锤或弹簧的释放能量为动力，推动一系列齿轮运转，借擒纵调速器调节轮系转速，以指针指示时刻和计量时间的计时器。

古代人的生活简单，除了耕种渔猎的"日出而作、日落而息"、"日中为市，交易而退"外，用不着刻意留意时间。当人类进入农业社会后，逐渐体会到时间的重要性。

早期是"立竿见影"，稍后是用圭表或日晷来测度时间。11世纪，出现了简单的机械钟，机械钟是以重锤代水为动力推动齿轮运转的钟。1350年，意大利的丹蒂制造出第一台结构简单的机械打点塔钟，日差为15-30分钟，指示结构只有时针。1500—1510年，德国的亨莱思首先用钢发条代替重锤，创造了用冕状轮擒纵机构的小型机械钟。1582年前后，意大利的伽利略发明了重力摆。1657年，荷兰的惠更斯把重力摆引入机械钟，发明了更为走时准确的摆钟。1660年，英国的胡克发明游丝，并用后退式擒纵机构代替了冕状轮擒纵机构。1673年，惠更斯又将摆轮游丝组成的调速器应用在可携带的钟表上。1675年，英国的克莱门特用叉瓦装置制成最简单的锚式擒纵机构，这种机构一直沿用在简便摆锤式挂钟中。

自11世纪以来，意大利、英国、德国、荷兰等国的科学家们就开始研究发明计时的机械钟表，钟表的发明也是集体智慧的凝聚。不过，一般认为惠更斯对钟表的发明贡献更突出。

惠更斯是荷兰物理学家、天文学家、数学家，是介于伽利略与牛顿之间一位重要的物理学先驱。1629年4月14日，惠更斯出生于海牙，父亲是外交官和诗人。惠更斯自幼聪明好学，思想敏捷，多才多艺，13岁时就自制一架车床，并受到笛卡儿的亲自指导，曾亲热地叫他为"我的阿基米德"。他先后在莱顿大学、布雷达大学攻读法律和数学，1655年获法学博士学位，随即访问巴黎，在那里开始了他的科学生涯。1663

年，访问英国，遂成为刚建不久的皇家学会会员。1666年，应路易十四邀请任刚建立的法国科学院院士。

惠更斯善于透彻地解决问题，形成了理论与实验结合的工作方法与明确的物理思想，在此基础上，研究了钟摆及其理论。1656年，他首先将摆引入时钟成为摆钟，以取代过去的重力齿轮式钟。在《摆钟》及《摆式时钟或用于时钟上的摆的运动的几何证明》等许多著作中，提出著名的单摆周期公式，研究了复摆及其振动中心的求法。他通过对渐伸线、渐屈线的研究找到等时线、摆线，研究了三线摆、锥线摆、可倒摆及摆线状夹片等。他设计了船用钟和手表平衡发条，大大缩小了钟表的尺寸。他还用摆求出重力加速度的准确值，并建议用秒摆的长度作为自然长度标准。

18—19世纪，钟表制造业已逐步实现工业化生产，并达到相当高的水平。20世纪，随着电子工业的迅速发展，电池驱动钟、交流电钟、电机械表、指针式石英电子钟表、数字式石英电子钟表相继问世，钟表的日差已小于0.5秒，钟表进入了微电子技术与精密机械、光动能相结合的新时代。

延长视线的望远镜

1608年的一天，荷兰小镇的一家眼镜店的主人利伯希为检查磨制出来的透镜质量，把一块凸透镜和一块凹镜排成一条线，通过透镜看过去，发现远处的教堂塔尖好象变大拉近了，于是在无意中发现了望远镜的秘密。他用一张羊皮纸卷成一个筒，将两块镜片固定下来，第一个望远镜就此问世。利伯希称之为"明晰镜"，并认识到了这个发明的用处，譬如在航海、军事、旅行等方面都会大有用处。于是，他于当年10月向密德尔堡市议会及时报告，并为自己制作的望远镜申请专利。按照当局的要求，他制作了一架双筒望远镜，这一消息很快在欧洲各国流传开了。意大利科学家伽利略虽然没见过利伯希发明的望远镜，却了解到这位伟大的科学家有广博的科学知识，特别是对光学的研究很深，经过仔细分析，自然就知晓了其中的原理。伽利略立即着手，自制了一架能把物体放大3倍的望远镜。

1个月之后，他制作的第二架望远镜能将物体观测放大8倍，第三架望远镜可以放大20倍。1609年10月，他做出了能放大30倍的望远镜。伽里略用自制的望远镜观察夜空，第一次发现了月球表面高低不平、覆盖着山脉并有火山口的裂痕。此后，伽利略用望远镜又发现了木星的4个卫星、太阳的黑子运动，由此作出了太阳在转动的结论。

几乎同时，德国的天文学家开普勒也开始研究望远镜，他在《屈光学》里提出了另一种天文望远镜的构架理论。这种望远镜由两个凸透镜组成，与伽利略的望远镜不同的是，它有更宽的观测视野。但是，开普勒没有制造他所介绍的望远镜。庆幸的是，1613—1617年，沙伊纳首次制作出了这种望远镜，他还遵照开普勒的建议，制造了能装置第3个凸透镜的望远镜，由此把2个凸透镜组成的望远镜的倒像变成了正像。

沙伊纳一共制作了8台这种类型的望远镜，并用它们一台一台地去观察太阳，无论哪一台都能看到相同形状的太阳黑子。因此，他更正了不少人认为黑子可能是由透镜上的尘垢引起的错误观点，证明了太阳黑子的真实存在。在观察太阳时，沙伊纳装上特殊遮光玻璃，而伽利略制作的望远镜则没有此种保护装置，结果灼伤了眼睛，最后几乎失明。荷兰的惠更斯为了减少折射望远镜的色差，于1665年做了一台筒长近6米的望远镜，以此来探查土星的光环，后来又做了一台将近41米长的望远镜。

自望远镜发明以来，在近400年的时间里，科学们家不断地改进、发明了不同式样、不同用途、不同构造、不同原理、不同功能的望远镜，并将它们用于军事、天文观测、航海等领域。值得一提的是，被送上太空的哈勃望远镜是一架无线电天文望远镜。

持重的钢笔 轻松的圆珠笔

文字出现以后，人们都是利用天然材料，把文字刻在石片、竹片、陶器上或铸在铜器上。

随着文字使用频率的增多，这种用刻字记录的方法越来越不适应发展的需要。纸张的发明和文化的传播，催生了书写工具的发明。于是，欧洲国家发明了羽毛笔，东方礼仪之邦中国出现了毛笔。此后，蘸墨水的钢笔又出现在历史的舞台上。

19世纪初，英国人犀飞利发明了贮水笔，并于1809年获得了专利证书。1884年，美国一家保险公司的雇员沃特曼，发明了一种用毛细管供给墨水的笔，笔端可以卸下，用一个小的滴管注入墨水。

沃特曼是一家保险公司的代理员。一天，他与几位竞争对手向一位顾客推销着自己的商品。不料，在准备签订协议时，他的笔尖滴了一滴墨水，把合同书弄脏了。随后，另一家公司的代表趁机抢了这笔生意。沃特曼非常恼火，都是该死的笔惹的祸。

沃特曼下定决心，一定要研制一种携带方便、使用自如、能控制墨水的自来水笔。他潜心研究、反复试验，终于研制出了自来水笔。

1908年，英国人狄克奥休又设计出把墨水贮入笔杆的新型自来水笔，同沃特曼的笔很相似。这种笔因使用、携带方便，大受欢迎。然而，在这些早期的贮水笔中，墨水不能自由流动，写字的人压一下活塞，墨水才开始流动，写一阵之后还得压一下，否则就流不出墨水。

20世纪初期，钢笔才逐渐完善起来。1932年，美国派克公司发明了真空吸水结构的自来水笔。这种笔因操作简单、使用时间长，很快在全球范围内传播开来。

20世纪40年代，一种新型的书写工具——圆珠笔，在美国流行起来，并很快风靡世界。这项发明是由匈牙利的一位普通校对员发明的。1939年的一天，匈牙利首都布达佩斯的一家印刷厂的校对员比洛，因钢笔漏水而弄脏了纸有所不快。看到油墨，他顿时灵机一动：如用油墨灌进笔管写字，粘稠的油墨肯定不会流出来。他立即将油墨灌进笔管，可是油墨根本就流不出来。后来，他用小钢珠来代替笔尖。这样，小钢珠一滚动，油墨就被钢珠带了出来，圆珠笔由此诞生了。由于当时缺乏宣传，比洛的这个发明没有投入商业生产，这项发明也也没有多少人知晓，因此被埋没了多年。

4年后，比洛迁居阿根廷。这时，有一家厂商对这个发明很感兴趣，并组织了生产。然而，由于缺乏广告宣传，阿根廷人依旧跳着探戈，对这个发明不闻不问，生产出来的圆珠笔还是卖不出去。直到1945年，美国商人雷诺借用当时第一颗原子弹的概念、结合"原子"这一时尚词汇，大力宣传新发明是原子时代的新宠儿，圆珠笔才打开了销路，并行销世界。由此，圆珠笔也称原子笔。

箭指苍穹的利器

人们对火箭非常熟悉，因为火箭已有千年的历史。火箭的发明最早出现在中国。在古代记述中，火箭的含义比较广泛，比如：靠弓弩发射、点燃箭头的竹箭，伴随爆竹燃放"穿天猴"（应该是火箭的雏形）等。

中国的火药发明为火箭的出现打下了基础。7世纪左右，火药被一些炼丹家发明。12世纪，火药用于制造火器和焰火烟花。在烟花燃放时，人们感到火药燃烧会产生很强的后坐力，于是有人受启示发明了新式火药器具。12世纪末—13世纪初，火药器具"穿天猴"的出现，是真正意义上的利用反作用原理的火箭。这种火箭作为武器使用，具有相当大的杀伤力，开始在战争中频繁地使用。这对现代火箭的发明提供了前提，但黑色火药不能产生足够的推力，且地球引力的一系列理论仍未建立。

时隔千年，随着科技的发展，火箭技术有了重大进步。19世纪，燃料容器的纸壳改为金属壳，延长了燃烧的持续时间，火药推进剂配方的标准化，发射台的出现，自旋导向原理的建立，等等。这些改进使火箭的应用更加广泛。19世纪末，火箭开始用于非军事目的，如用火箭携带救生索开展海上救援。

1903年，被人们称为航天之父的俄国科学家齐奥尔科夫斯基提出了制造大型液体火箭的设想和设计原理。1926年3月16日，美国火箭专家、物理学家R. H. 戈达德试飞了第一枚无控液体火箭。

1931年5月，德国科学家赫尔曼·奥伯特领导的宇宙航行协会试验成功了欧洲的第一枚液体火箭。1932年，德国军方组织一批科学家和工程技术人员，集中力量秘密研制火箭武器。20世纪40年代初，德国在二战中期先后成功研制了V–1、V–2导弹。其中，V–1是一种飞航式有翼导弹，采用空气喷气发动机作动力装置；V–2是一种弹道式导弹，采用火箭发动机作动力装置。

二战结束后，前苏联和美国相继研制出包括洲际弹道导弹在内的各种火箭武器，并把火箭应用到航天领域。火箭成了人造卫星、航天飞机的发射动力。

目前，火箭是唯一能使物体达到宇宙速度、克服或摆脱地球引力、进入宇宙空间的运载工具。火箭的速度是由火箭发动机工作获得。火箭是以热气流向后高速喷出的反作用力向前运动的喷气推进装置。

最常见的火箭燃烧是固体或液体的化学推进剂。推进剂燃烧产生热气，通过喷口向火箭后部喷出气流。火箭自带燃料和氧化剂，而其他各种喷气发动机仅须携带燃料，燃料燃烧所需的氧取自空气。所以，火箭可以在地球大气层以外使用，而其他喷气发动机不能。火箭发射时产生巨大的推力使火箭在很短的时间内迅速升入高空，随着燃料不断减少，火箭自身质量逐渐减小，在与地球距离增大的同时，质量和重力影响不断下降，火箭速度也因此越来越快。

现代火箭可用作快速远距离运送工具，可作为探空、发射人造卫星、载人飞船、空间站的运载工具，以及其他飞行器的助推器。

通常，火箭也包括导弹、航天器，甚至烟花焰火。如用于投送作战用的战斗部(弹头)，便构成火箭武器，其中可以制导的称为导弹，无制导的称为火箭弹。如今，火箭在军事、航天领域是不可或缺的工具。

遥天寻看一千河的卫星

"地球是人类的摇篮，但是人类不会永远生活在摇篮里。他们不断地争取着生存世界的空间，先是小心翼翼地冲出大气层，然后便是征服整个太阳系。"这是航天之父齐奥尔科夫斯基在临终前留给世人的一句名言。

在宇宙中，围绕行星轨道运行的天体就是卫星。环绕哪一颗行星运转，就把它称为哪一颗行星的卫星。比如，月亮环绕着地球旋转，它就是地球的卫星。

"人造卫星"就是我们人类"人工制造的卫星"。科学家用火箭把它发射到预定的轨道，使它环绕着地球或其他行星运转，以便进行探测或科学研究。

伟大的科学家牛顿在17世纪发现了万有引力，从而证实了地球对周围的物体有引力的作用，因而抛出的物体要落回地面。但是，抛出的初速度越大，物体就会飞得越远。牛顿在思考万有引力定律时就曾设想过，从高山上用不同的水平速度抛出物体，速度一次比一次大，落地点也就一次比一次离山脚远。如果没有空气阻力，当速度足够大时，物体就永远不会落到地面上。这就是卫星能在太空遨游的基本原理。牛顿揭开了人类走向太空的秘密。

19世纪，航天之父、俄国的齐奥尔科夫斯基奠定了现代航天理论。20世纪中期，科学家发明了火箭。二战后，随着现代科技的不断发展，人类登上太空的千百年理想终于出现了曙光。1957年10月4日，前苏联发射了世界上第一颗人造卫星。之后，美国、法国、日本相继发射了人造卫星。1970年4月24日，中国发射了东方红1号人造卫星。

人造卫星一般由专用系统和保障系统组成。专用系统是指与卫星所执行的任务直接有关的系统，也称为有效载荷。专用系统按不同用途包括：通信转发器、遥感器、导航设备等。科学卫星的专用系统则是各种空间物理探测、天文探测等仪器。技术试验卫星的专用系统则是各种新原理、新技术、新方案、新仪器设备和新材料的试验设备。保障系统是指保障卫星和专用系统在空间正常工作的系统，也称为服务系统，主要有结构系统、电源系统、热控制系统、姿态控制和轨道控制系统、无线电测控系统等。对于返回卫星，还包括返回着陆系统。

人造卫星的运动轨道取决于卫星的任务要求，分为低轨道、中高轨道、地球同步轨道、地球静止轨道、太阳同步轨道、大椭圆轨道和极轨道。人造卫星绕地球飞行的速度快，低轨道和中高轨道卫星一天可绕地球飞行几圈到十几圈，不受领土、领空和地理条件限制，视野广阔，能迅速与地面进行信息交换、包括地面信息的转发，也可获取地球的大量遥感信息。一张地球资源卫星图片所遥感的面积可达几万平方公里。

在卫星轨道高度达到35800千米、并沿地球赤道上空与地球自转同一方向飞行时，卫星绕地球旋转周期与地球自转周期完全相同，相对位置保持不变。此时，卫星在地球上看来是静止地挂在高空，故称为地球静止轨道卫星，简称静止卫星。这种卫星可实现卫星与地面站之间的不间断的信息交换，并大大简化地面站的设备。目前，绝大多数通过卫星的电视转播和转发通信是由静止通信卫星实现的。

人造卫星是发射数量最多，用途最广，发展最快的航天器。人造卫星用于科学研究，而且在无线通讯、天气预报、地球资源探测和军事侦察等方面已成为一种不可或缺的工具。

时光隧道里的光纤

　　光纤，是光导纤维的简写，是一种利用光在玻璃或塑料制成的纤维中的全反射原理而达成的光传导工具。通常，光纤的一端的发射装置使用发光二极管或一束激光将光脉冲传送至光纤，光纤的另一端的接收装置使用光敏元件检测脉冲。微细的光纤封装在塑料护套中，使得它能够弯曲而不至于断裂。

　　关于光导纤维的发明和使用有一段趣事。1870年的一天，英国物理学家丁达尔在皇家学会的演讲厅阐述光的全反射原理，并做了一个简单的实验：在装满水的木桶上钻个孔，然后用灯从桶上边把水照亮。观众们大吃一惊，放光的水从水桶的小孔里流了出来，水流弯曲，光线也跟着弯曲，光居然被弯弯曲曲的水俘获了。

　　人们曾发现，光能沿着从酒桶中喷出的细酒流中传输；人们还发现，光能顺着弯曲的玻璃棒前进。这是为什么呢？难道光线不再直进了吗？这些现象引起了丁达尔的注意。经过研究，他发现这是全反射的作用，即光从水中射向空气，当入射角大于某一角度时，折射光线消失，全部光线都反射回水中。表面上，光好像在水流中弯曲前进；实际上，在弯曲的水流里，光仍沿直线传播，只不过在内表面上发生了多次全反射，光线经过多次全反射向前传播。

　　后来，人们造出一种透明度很高、粗细像蜘蛛丝一样的玻璃丝——玻璃纤维。当光线以合适的角度射入玻璃纤维时，光就沿着弯弯曲曲的玻璃纤维前进。由于这种纤维能够用来传输光线，所以称它为光导纤维。

　　在日常生活中，由于光在光导纤维的传导损耗比电在电线传导的损耗低得多，光纤被用作长距离的信息传递。光纤传输具有频带宽、损耗低、重量轻、抗干扰能力强、保真度高、工作性能可靠、成本不断下降等优点。

　　利用光导纤维进行的通信叫光纤通信。1对金属电话线至多只能同时传送1000多部电话，而根据理论计算，1对细如蛛丝的光导纤维可以同时通100亿部电话！铺设1000公里的同轴电缆大约需要500吨铜，改用光纤通信只需几公斤石英就可以了。沙石中就含有石英，几乎是取之不尽的。

另外，利用光导纤维制成的内窥镜，可以帮助医生检查胃、食道、十二指肠等的疾病。光导纤维胃镜是由上千根玻璃纤维组成的软管，它有输送光线、传导图像的本领，又有柔软、灵活，可以任意弯曲等优点，可以通过食道插入胃里。光导纤维把胃里的图像传出来，医生就可以窥见胃里的情形，然后根据情况进行诊断和治疗。

激光中的光世界

激光的出现是20世纪60年代最重大的科技发明之一。它以高亮度、高方向性、高单色性、高相干性等突出特点，得到了广泛的应用，并在许多重大领域开辟了新的生长点，引起了革命性的变化。

1916年，爱因斯坦发表了《关于辐射的量子理论》的论文，首次提出了受激辐射的概念。按照这个理论，处于高能态的物质粒子受到一个能量等于两个能级之间能量差的光子的作用，将转变到低能态，并产生第二个光子，与第一个光子同时发射出来，这就是受激辐射。这种辐射输出的光获得了放大，而且是相干光，即两个光子的方向、频率、位相、偏振完全一致。

随着量子力学的建立和发展，人们对物质的微观结构及运动规律有了更深入的了解，微观粒子的能级分布、跃迁和光子辐射等也得到了更有力的证明，这就在客观上完善了爱因斯坦的辐射理论，为激光的产生奠定了理论基础。40年代末，出现了量子电子学，它主要研究电磁辐射与各种微观粒子系统的相互作用，从而研制出相应的器件。这些理论和技术的发展，都为激光器的发明准备了条件。

1951年，美国物理学家珀塞尔和庞德在核感应实验中，将加在工作物质上的磁场突然变向，结果在核自旋体系中造成了粒子数反转，并获得了每秒50千赫的受激辐射，这是激光发明史上有重大意义的实验。

1954年，美国科学家汤斯和他的助手戈登、蔡格，一起制成了第一台氨分子束微波激射器。这台微波激射器产生了1.25厘米波长的微波，功率很小，但成功开创了利用分子或原子体系作为微波辐射相干放大器或振荡器的先例，具有重大意义。与此同时，苏联的巴索夫和普罗霍洛夫以及美国马里兰大学的韦伯，也分别独立提出了微波激射器的理论。

由于微波激射器的成功，使人们进一步想到，如果把微波激射器的原理推广到光频波段，就有可能制成一种相干光辐射的振荡器或放大器。

1958年，肖洛与汤斯将微波激射器与光学、光谱学的知识结合起来，提出了采用开式谐振腔的关键理论，判断出激光的相干性、方向性、线宽和噪音等性质。同一时期，巴索夫、普罗霍洛夫等人也提出了实现受激辐射光放大的原理方案。

1960年7月，美国青年科学家梅曼成功地制造并运转了世界第一台激光器。工作物质用人造红宝石，激励源是强脉冲氙灯。它获得了波长0.6943微米的红色脉冲激光。

此后，激光发展很快，短短时间里就出现了许多不同类型的激光器。1961年、1964年，先后制成钕玻璃激光器和掺钛钇铝石榴石激光器，它们和红宝石激光器都是迄今仍被大量应用的固体激光器。

1960年底，贝尔电话实验室的贾万等人制成了第一台气体激光器——氦氖激光器。1962年，有3组科学家几乎同时发明了半导体结激光器。1966年，又研制成波长可在一段范围内连续调节的有机染料激光器。此外，还有输出能量大、功率高，而且不依赖电网的化学激光器。

由于激光器的种种突出特点，因而很快被应用到工业、农业、精密测量和探测、通讯与信息处理、医疗、军事等领域，并带来革命性的突，比如：利用激光集中、极高的能量，可对各种材料进行加工；作为一种在生物机体上引起刺激、变异、烧灼、汽化等效应的手段，已在医疗、农业上取得良好的效果；在军事上除用于通信、夜视、预警、测距外，各种激光武器、激光制导武器已投入使用。

今后，随着激光技术的进一步发展，激光器的性能和成本进一步降低，应用范围还将继续扩大，并将发挥出越来越重大的作用。

信息数字化的计算机

今天，在我们工作、学习、生活中，电脑是我们不可缺少的伙伴，电脑就是一台微型计算机。60多年前，人们对电脑还一无所知，甚至连科学家们也没有预料到电脑的发展前景。

人类发明的计算机，最初的目的是帮助处理复杂的数字运算。这种人工计算器的概念，最早可以追溯到17世纪的法国大思想家帕斯卡。帕斯卡利用齿轮原理，发明了第一台可以执行加减运算的计算器。后来，德国数学家莱布尼兹加以改良，发明了可以做乘除运算的计算器。不过，以前的计算机都是机械计算机，需手工操作，人们称这种计算机为手摇计算机。

真正的电子计算机，是在电子管发明以后才出现的。随着电子技术的突飞猛进，计算机开始了真正意义上的由机械向电子的过渡，电子器件逐渐成为计算机的主体，而机械部件则渐渐处于从属位置。

世界上真正的第一台计算机(ENIAC)于1946年2月在美国诞生。提出核心存储程序的是美国的数学家冯·诺依曼。1903年12月3日，冯·诺伊曼生于匈牙利布达佩斯的一个犹太人家庭。诺依曼不仅仅局限于纯数学上的研究，还把数学应用到其他学科中去。他对经典力学、量子力学和流体力学的数学基础进行深入的研究，获得重大成果，这些都为他后来从事计算机逻辑设计提供了坚实的基础。

1944年，诺伊曼参加原子弹的研制工作，该工作涉及到极为困难的计算。在对原子核反应过程的研究中，要对一个反应的传播作出"是"或"否"的回答。解决这一问题需要通过几十亿次的数学运算和逻辑指令。尽管最终的数据并不要求十分精确，但所有的中间运算过程是不可缺少的，且要尽可能保持准确。他所在的洛·斯阿拉莫斯实验室为此聘用了100多名女计算员，利用台式计算机从早到晚计算，还是远远不能满足需要。无穷无尽的数字和逻辑指令如同沙漠一样把人的智慧和精力吸尽。

被计算所困扰的诺伊曼在一次极为偶然的机会中知道了ENIAC计算机的研制计划。从此他投身到计算机研制的宏伟事业中。诺依曼显示出他广播的数理知识，他亲自起草的《关于EDVAC的报告草案》，具体介绍了制造电子计算机和程序设计的新思想。诺依曼提出的设计思想之一是二进制，他根据电子元件双稳工作的特点，建议在电子计算机中采用二进制，提出了基本工作原理是存储程序和程序控制。EDVAC方案明确设定了新机器由5个部分组成：运算器、逻辑控制装置、存储器、输入和输出设备，并描述了这5部分的职能和相互关系，为计算机的设计树立了一座里程碑。这份报告是计算机发展史上一个划时代的文献，它向世界宣告：电子计算机的时代来临了。

1946年面世的"ENIAC"，是由美国宾夕法尼亚大学莫尔电工学院制造的，主要用于计算弹道。它的体积庞大，占地面积170多平方米，重量约30吨，消耗近140千瓦的电力。

如今，电子计算机的作用已由最初的军事领域逐渐渗透到经济、文化、科技、生产等领域，功能是处理、存储信息，已不再是单纯地运算，它的体积也是越来越小，甚至可以捧在手中。

科学家预言，未来智能计算机将取得突破性进展，光电计算机、超导计算机和生物计算机层出不穷，届时人类社会的信息化进程又将出现质的飞跃，人类将迎来"智能时代"。

发现篇

科学认识天地的日心说

在古希腊时期，人们认为地球是宇宙的中心，其他的星球都环绕着它而运行，这就是我们所说的地心说或地动说，这种看法也得到了亚里士多德和天文学的鼻祖托勒密的支持。后来，天主教教会接纳了地心说并将其视为教会的"正统理论"。

中世纪后期，随着观测仪器的不断改进和测量精度的不断提高，对行星位置和运动轨迹的测算同地心说的分歧逐渐显露出来。1540年5月24日，《天体运行论》一书出版。这部耗费哥白尼毕生心血，用30年时间观测、研究、总结、撰写的科学巨著提出了日心说的科学观点，推翻了长期以来居于统治地位的地心说，实现了天文学的革命性变革。

哥白尼（1473—1543），波兰天文学家，中学时就对天文学很感兴趣，曾跟着老师在教堂的塔顶上观测星空。他相信研究天文学只有两件法宝：数学和观测。

哥白尼是在对地心说的质疑中开展天文学研究的，并按照地心说的模型体系进行观测和计算，以此来验证这些质疑。他不辞劳苦，克服困难，每天坚持观测天象，在不同的时间、不同的距离观测行星，由此发现每一颗行星的运行情况都不相同。这时，他意识到地球不可能位于行星轨道的中心。经过20年的观测，哥白尼发现唯独太阳的周年变化不明显，这意味着地球和太阳的距离始终没有改变。他立刻想到，如果地球不是宇宙的中心，那么宇宙的中心就应该是太阳。如果把太阳放在宇宙的中心位置，那么地球就该绕着太阳运行！

哥白尼从研究中终于找出了地心说的错误，并以大量的观测数据和精确的计算结论证明了前人的错误，重新确定了太阳系的中心。他详细地论述了地球绕其轴心运转、月亮绕地球运转、地球和其他所有行星都绕太阳运转的事实。

然而，在以后的许多年里人们还是对哥白尼的日心说抱有怀疑，尤其是权力极大的天主教对"太阳是宇宙中心"的这一新说法极度反对，地心说的地位仍然没有动摇。

1609年，伽利略发明了天文望远镜，这一重大发明无疑引起了天文学研究的巨大改变。开普勒和伽利略用科学的方法，观察发现了一些支持日心说的新的天文现象，尤其是开普勒提出的地球是以椭圆轨道运行的理论依据，使日心说论点更具科学性，由此证明了哥白尼的日心说是正确的。此后，日心说逐渐引起人们的关注。

实际上，早在公元前300多年，赫拉克里特和阿里斯塔克斯就已经提到过太阳是宇宙的中心，地球围绕太阳运动。但是，阿里斯塔克斯只是凭借灵感做了一个猜想，并没有加以详细的论证，而哥白尼则是在逐个解决猜想中的数学问题后，将其确立为一种科学的学说。显然，哥白尼的日心说是人类对宇宙认识的革命，它使人们的世界观发生了重大变化。但是，哥白尼也和前人一样，严重低估了太阳系的规模，认为星体运行的轨道是一系列的同心圆，而这在现在看来显然是错误的。

作为近代自然科学的奠基人，哥白尼的历史功绩是伟大的，他确立的日心说，掀起了一场天文学上根本性的革命，是人类科学、客观探求真理的里程碑。哥白尼的伟大成就，不仅在于铺平了通向近代天文学的道路，还开创了整个自然科学界向前迈进的新时代。从哥白尼时代起，脱离教会束缚的自然科学和社会哲学开始飞速发展。

日月星辰中的历法

历法就是根据天象变化的自然规律，计量较长的时间间隔，判断气候的变化，预示季节来临的法则。

历法是农业文明的重要产物，最初是因为农业的生产的需要而创制的。公元前3000年，生活在两河流域的苏美尔人根据自然变换的规律，制定了最早的时间方法，即太阴历。苏美尔人以月亮的阴晴圆缺作为计时标准，将1年分为12个月，共364天。公元前2000年左右，古埃及人根据计算尼罗河泛滥的周期，制定出了太阳历，这是最早的公历。中国的历法起源也很早，形成了独特的阴阳历法。在世界历史上，不同的时期和不同的地区，采用各种不同的历法。

自古至今，世界上存在过千差万别的历法无法计数，但就其基本原理来讲，不外乎3种：即太阴历（阴历）、太阳历（阳历）和阴阳历。3种历法各有优、缺点，目前世界上通行的"公历"实际上是1种太阳历。

时间是无限的，只有确定每1日在其中的确切位置，我们才能记录历史、安排生活。我们日常使用的日历，对每1天的"日期"都有极为详细的规定，这实际上就是历法在生活中最直观的表达形式。

年、月、日是历法的3大要素。历法中的年、月、日，在理论上应当近似等于天然的时间单位——回归年、朔望月、真太阳日，因此，称为历日、历月、历年。

为什么只能是"近似等于"呢？原因很简单，朔望月和回归年都不是日的整倍数，1个回归年也不是朔望月的整倍数。但如果把完整的1日分属在相连的2个月或相连的2年里，我们又会觉得别扭，所以历法中的1年、1个月都必须包含整数的"日"。为了生活的便利，学术、理论必须往后站，没办法，只能近似了！

原始的阳历是古埃及人创立的。最初取1年为365日。为了协调历法年与回归年的长度，公元前46年，罗马统治者儒略·凯撒对阳历作了修改，制定儒略历。公元前8年，凯撒的侄儿奥古斯都又对儒略历作为调整。儒略历分1年为12个月，平年365日；年份能被4整除的为闰年，共366日。这样，儒略历历年平均长度便是365.25日，同回归年长度365.2422日相差0.7078日，400年约差3日。从实施儒略历到16世纪末期，累差约为10日。为了消除了这个差数，教皇格里高利（另译格雷果里）在13世把儒略历1582年10月4日的下1天定为10月15日，中间消去10天；同时还修改了儒略历置闰法则：能被4除尽的年份仍然为闰年，但对世纪年（如1600、1700），只有能被400除尽的才为闰年。这样，400年中只有97个闰年，比原来减少3个，使历年平均长度为365.2425日，更接近于回归年的长度。经过这样修改的儒略历叫格里高利历，亦称格里历。格里历先在天主教国家使用，20世纪初为全世界普遍采用，所以又叫公历。中国于1912年开始采用公历，但当时仍用中华民国纪年。1949年，中华人民共和国成立后，采用公历纪年。

行星运动里的定律

　　17世纪，德国人开普勒在"日心说"的基础上发现了行星运动的三大定律，成为人类对行星运动的第一次定量表述，为万有引力的发现奠定了坚实的基础。

　　开普勒在"日心说"的基础上，整理了其恩师第谷·布拉赫20多年观测行星运动的数据后，经过4年艰苦计算，总结出了行星运动的三大规律，也称开普勒三定律，或行星运动定律，这个定律是指行星在宇宙空间绕太阳公转所遵循的定律。

　　开普勒第一定律也叫椭圆轨道定律，具体内容是，所有行星分别在大小不同的轨道上围绕太阳运动。太阳在这些椭圆的一个焦点上。开普勒在确定地球运行轨道时发现，若将地球绕太阳运行的轨道分为若干小段，每一段与太阳的连线在相等的时间间隔内扫过相等的面积。开普勒把这一结果推广到其他行星，便得到了开普勒第二定律。对任意行星来说，他与太阳的连线（称为径矢）在相等的时间内扫过相等的面积。开普勒在1609年完成了《新天文学》，发表了关于行星运动的两条定律。自发表第一、第二定律后，开普勒经过更加艰苦的10年努力后，在数字的海洋里又提炼出联系各行星轨道的第三定律。第三定律的具体表述是，行星绕太阳运动轨道半长轴a的立方与运动周期的平方成正比。

　　1619年，他的《宇宙的和谐》一书出版，介绍了第三定律，他写道："认识到这一真理，是超出我的最美好的期望的。大局已定，这本书是写出来了，可能当代有人阅读，也可能是供后人阅读。它很可能要等一个世纪才有信奉者，这一点我不管了。"

　　开普勒的发现有着特殊的意义。

　　首先，开普勒定律在科学思想上表现出无比勇敢的创造精神。远在哥白尼创立日心宇宙体系之前，许多学者对于天动地静的观点就提出过不同见解。但是，对天体遵循完美的均匀圆周运动这一点，从未有人敢怀疑，开普勒却毅然否定了它。这是个非常大胆的创见。哥白尼知道几个圆合并起来就可以产生椭圆，但他从来没有用椭圆来描述过天体的轨道。正如开普勒所说，"哥白尼没有觉察到他伸手可得的财富"。

其次，开普勒定律彻底否定了托勒密的本轮系，把哥白尼体系从本轮的桎梏中解放出来。哥白尼抛弃古希腊人的一个先入之见，即天与地的本质差别，获得一个简单得多的体系，但它仍须用80几个圆周来解释天体的表观运动。开普勒却找到最简单的世界体系，只用7个椭圆说就全部解决了。从此，不必再借助任何本轮和偏心圆就能简单而精确地推算行星的运动规律。

最后，开普勒定律使人们对行星运动的认识更加清晰。它证明行星世界是一个匀称的（即开普勒所说的"和谐"）系统。这个系统的中心天体是太阳，受来自太阳的某种统一力量所支配。太阳位于每个行星轨道的焦点。行星公转周期决定于各个行星与太阳的距离，与质量无关。在哥白尼体系中，太阳虽然居于宇宙"中心"，却并不扮演这个角色，因为没有一个行星的轨道中心是同太阳相重合的。

利用前人的科学实验和记录下来的数据而得到科学发现，在科学史上是不少的。但是，像行星运动定律的发现那样，从第谷·布拉赫的20余年辛勤观测到开普勒长期的精心推算，道路如此艰难，成果如此辉煌的科学合作则是罕见的，而这一切都是在没有望远镜的条件下得到的！

开普勒发现的行星运动定律改变了整个天文学，彻底否定了托勒密复杂的宇宙体系，完善并简化了哥白尼的日心说。

正确认知地球的地圆说

在古代，我们的先民们对天地的认识是朦胧的，他们都认为天圆地方，认为大地是平的，谁会想到大地是圆的呢？

后来，人们逐渐发现大地好像也不是很平，因为远处驶来的帆船，总是先看到桅杆，再看到帆，最后看到船身。这使人们臆想到，地表应该是个曲面。

地球是球形这一概念，最早是在公元前5—前6世纪，由古希腊学者柏拉图从哲学的角度提出并阐述的。他认为，圆是最完美的对称形，演绎出圆的地球位于宇宙中心，这是关于地圆说的最早论述。但是，这种观点仅仅是源于柏拉图认为圆球形在所有几何形体中最完美，而不是根据任何客观事实得出的，并不具有科学意义。此后，柏拉图的学生亚里士多德，根据月食时月面出现的地影是圆形的，举出了地球是球形的第一个科学例证。

公元前3世纪，古希腊天文学家埃拉托斯特尼，根据正午射向地球的太阳光和两端测地的距离，第一次算出地球的周长为25万希腊里，约合4万千米，这与我们今天利用各种高技术手段测量出的地球周长仅相差100多千米。

希腊天文学家托勒密在他的《天文学大成》中也认为大地是圆球形的。至此，地圆说以有力的科学证据正式登堂。

地圆说在理论初期不仅未得到人们的一致认可，还遭到了众人的嘲笑。有许多人说："地怎么会是圆的，真是圆的，上面站得稳，侧面和下面怎么站得稳嘛。"当然，现在我们知道，为什么地球四周都能站得稳，那是因为物质都有重量，地球是有引力的。所以，不管我们站在地球上任何地方，感觉上是一样的：上有天，下有地，中间有空气。

1409年，湮没了1000多年的托勒密著作被译为拉丁文后，地圆说被广泛传播，许多开辟新航路的探险家都相信并且依赖这个学说。

1519年9月，航海家麦哲伦，率领一支200多人的探险船队，分乘5艘帆船从西班牙出发，进行了史无前例的环球航行，人类首次证明了地球确实是球形的。由此，地圆说才得到了大多数人的认可。

17世纪末，牛顿研究了地球自转对地球形态的影响，认为地球应是一个赤道略为隆起、两极略为扁平的椭球体。1733年，巴黎天文台派出两个考察队，分别前往南纬2°的秘鲁和北纬66°的拉普林进行大地测量，结果证明了牛顿的推测。

随着科学技术的进步，人类进一步证实了地圆说的相关理论，从太空中人造卫星传来的照片看，地球确实是一个椭圆形的球体。卫星、航天技术的发展，使我们能更加精细地测量地球及其每一寸土地。地圆说的提出和证明是人类认识自然过程中的一次重大进步。

宇宙大爆炸理论

浩瀚的宇宙哪里是中心？哪里是边缘？宇宙又是怎样形成的？宇宙将来会发生怎样的变化？这是人类自古以来十分关心的问题。

古代，人们曾建立了地心说，随后日心说又推翻了地心说，人类对宇宙的认识有了一次质的飞跃。对于宇宙的起源，宇宙大爆炸理论逐步被更多的科学家们所认同。宇宙大爆炸理论是现代宇宙学的一个主要流派，它能较科学地解释宇宙学的一些根本问题。

1929年，美国天文学家哈勃总结出星系谱线红移与星系同地球之间的距离成正比的规律。他在理论中指出，如果认为谱线红移是多普勒效果的结果，则意味着银河外星系都在离开我们向远方退行，而且距离越远的星系远离我们的速度越快。这正是一幅宇宙膨胀的图像。

1932年，勒梅特首次提出了现代宇宙大爆炸理论：整个宇宙最初聚集在一个"原始原子"中，后来发生了大爆炸，碎片向四面八方散开，形成了我们的宇宙。

20世纪40年代，美国天体物理学家伽莫夫等人正式提出宇宙大爆炸理论。该理论认为，宇宙在遥远的过去曾处于一种极度高温和极大密度的状态，这种状态被形象地称为"原始火球"。以后，火球爆炸，宇宙开始膨胀，物质密度逐渐变稀，温度也逐渐降低，直到今天的状态。这个理论能自然地说明银河外天体的谱线红移现象，也能圆满地解释许多天体物理学问题。

1964年，美国人彭齐亚斯和威尔逊又发现了宇宙大爆炸理论的新的有力证据。该理论作为一门发展中的理论，虽然得到了绝大多数科学家的认同，却仍有一些解释不了的问题，需要进一步完善其理论体系。1965年，彭齐亚斯和威尔逊发现了宇宙背景辐射。后来他们证实，宇宙背景辐射是宇宙大爆炸时留下的遗迹，从而为宇宙大爆炸理论提供了重要的依据。他们也因此获得了1978年的诺贝尔物理学奖。

提出并完善宇宙大爆炸理论的代表人物是霍金。其主要观点是，宇宙演化分为三个阶段：

第一阶段，宇宙的极早期，"太初第一秒"。这个阶段的时间特别短，短到以秒来计。宇宙处于一种极高温、高密的状态，除氢核——质子外，没有任何别的化学元素，只由质子、中子、电子、光子等基本粒子混合而成。随着宇宙迅速膨胀，温度急速下降。

第二阶段，化学元素形成阶段，大约经历了数千年。此时，宇宙间的物质主要是氘、氢等比较轻的原子核和质子、电子、光子等，光辐射很强，但没有星体存在。整个宇宙体系不断膨胀，温度很快下降。

第三阶段，宇宙形成的主体阶段，至今我们仍生活在这一阶段中。宇宙继续膨胀，温度不断降低。宇宙先后形成了各级天体，宇宙间的气态物质逐渐凝聚成星云，并逐渐演化成星系、恒星和行星，再进一步形成各种各样的恒星体系，成为我们今天看到的五彩缤纷的星空世界。

宇宙大爆炸理论在它诞生前后得到了一系列天文观测事实的支持，是有实际依据的，例如：星系红移、微波背景辐射、宇宙元素的丰度、宇宙的年龄等，成为大爆炸理论的重要证据。尤其是星系红移，即为宇宙膨胀的反映，微波背景辐射是宇宙大爆炸高温的直接遗迹。这些观测事实都使宇宙大爆炸理论越来越受到世人的关注。

长尾的哈雷彗星

提起哈雷，人们不会感到陌生，因为彗星中的佼佼者——哈雷彗星就是以他的名字命名的。

1656年，哈雷出生在伦敦附近的哈格斯顿，1673年进入牛津大学女王学院学习数学。1676年，20岁的哈雷毅然放弃了学位，只身搭乘东印度公司的航船到达南大西洋的圣赫勒拿岛，建立起人类第一个南天观测站，开始了1年多的天文观测，绘制了世界上第一份精度很高的南天星表，被人们誉为"南天第谷"。

哈雷对彗星似乎情有独钟，并选择彗星这一前人涉及不多的领域，开展深入研究，开创了认识彗星和研究彗星的新领域。1680年，哈雷在法国旅行时看到了有史以来最亮的一颗大彗星。2年后，也就是1682年，又看到了另一颗大彗星。这2颗大彗星在他心中留下了极为深刻的印象。

1682年8月，天空中出现了一颗肉眼可见的彗星，它的后面拖着一条清晰可见的弯弯的尾巴。这颗彗星的出现引起了几乎所有天文学家们的关注。当时，年仅26岁的哈雷对这颗彗星尤其感兴趣。他仔细观测、记录了彗星的位置和它在星空中的逐日变化。经过一段时期的观察，他惊讶地发现，这颗彗星好像不是初次光临地球的新客，而是似曾相识的老朋友。

1695年，已是皇家学会书记官的哈雷开始专心致志地研究彗星。他在从1337—1698年记录的彗星中挑选了24颗，用1年时间计算了它们的轨道，发现1531年、1607年和1682年出现的这3颗彗星轨道看起来如出一辙，虽然经过近日点的时刻有1年之差，却可以解释为由于木星或土星的引力摄动所造成的。一个念头在他脑海中迅速地闪过：这3颗彗星可能是同一颗彗星的3次回归。但哈雷没有立即下此结论，而是不厌其烦地向前搜索，发现1456年、1378年、1301年、1245年，一直到1066年，历史上都有大彗星的记录。

在哈雷生活的那个时代，还没有人意识到彗星会定期回到太阳附近。自从哈雷产生了这个大胆的设想后，便怀着极大的兴趣，全身心地投入到对彗星的观测和研究中去了。在通过大量的观测、研究和计算后，他大胆地预言，1682年出现的那颗彗星，将于1758年底或1759年初再次回归。哈雷作出这个预言时已近50岁了，而他的预言是否正确，还需等待50年。他意识到自己无法亲眼看见这颗彗星的再次回归，于是，他以一种幽默而略带遗憾的口吻说："如果彗星根据我的预言确实在1758年回来，公平的后人大概不会拒绝承认这是由一位英国人首先发现的。"

一些人嘲笑哈雷在说胡话，一些人对哈雷的预言将信将疑，但相信哈雷预言的支持者也很多。1758年初，法国天文台的梅西叶着手观测，希望能成为证实彗星回归的第一人。1759年1月21日，他终于找到了这颗彗星。遗憾的是，首次观测到彗星回归的光荣并不属于他。原来，1758年的圣诞夜，德国德雷斯登附近的一位农民天文爱好者已捷足先登，发现了回归的彗星。

这次哈雷彗星的回归时，哈雷已长眠10多年了。哈雷在18世纪初的预言，经过半个多世纪的时间终于得到了证实。后人为了纪念他，把这颗彗星命名为"哈雷彗星"。

其实在历史上，从公元前240年起的每次回归，我国都有记载，最早的一次可能是周武王伐纣之年，即公元前1057年。哈雷彗星大约每隔76年都会按时回归。哈雷彗星的最近一次回归是1986年，中国和各国一样对它进行了大量的观测，发现了断尾现象，而它的再次回归要等到2062年左右。

天上有个大窟窿

　　1957年，作为英国南极考察队的一员，剑桥大学的教师乔·法曼被首次派往哈雷湾观测站。乔·法曼的任务之一，就是测量空气中的臭氧含量。此后每年，法曼都要到南极去。

　　测量空气中的臭氧含量，主要通过测量达到地面的紫外线辐射，来间接反应大气中的臭氧含量。

　　1981年，南半球的春季，新测出的数据引起了乔·法曼和同事加迪纳、尚克林的注意，它显示南极洲上空的臭氧层面积较过去小了很多。他们想："这是怎么回事呢？"，乔·法曼对此变得异常兴奋。

　　"这会不会只是一个错误数据呢？"他重新调校了仪器，但并没有发现仪器异常，数据完全正确。随后的1982年、1983年，所测得的数据显示了同样的结果。乔·法曼意识到，要有大事情发生了。

　　1984年10月，测量数据显示南极上空的臭氧层面积比平均水平减少了40%，而且这个大洞已经扩大到了南美洲南端的火地岛。乔·法曼重新翻阅了过去记录的数据，发现臭氧层的减少实际上在1977年就开始了。

　　1985年5月16日，《自然》杂志刊出了他们的文章，正式阐述了南极上空春季臭氧空洞存在的问题：自1975年起，每年早春（10月份）期间臭氧的总量减弱大于30%，而1957-1975年间的变化并不大。文中强调，这个空洞并不是自然原因造成的，而是由于氟氯碳化物等臭氧破坏物质造成的。

　　与此同时，身处日本昭和观测站的忠钵繁也注意到了同样的信息，他在日本国内发表文章公布了自己的发现。美国国家宇航局的"雨云7号"卫星上的臭氧总量制图光谱仪和太阳后向散射紫外线仪提供的数据，也证实了臭氧空洞是区域性的南极现象。

　　南极臭氧空洞存在的证实，无疑是氟氯碳化物破坏臭氧层的一个有力证据。法曼的论文一经发表，立即引起了世界范围内的关注。在随后的2年里，从化学、气象以及太阳活动周期影响等方面研究南极臭氧空洞问题的成果大量涌现。

氟氯碳化物即日常俗称的氟利昂，顾名思义，是含有氟（F）、氯（Cl）、碳（C）的化合物。它的应用范围极广，很早就被应用到汽车、冰箱、冷冻空调、电子和光学元件的清洗溶剂，以及化妆品喷雾剂上。

氟氯碳化物化学性质非常稳定，不可燃且没有毒性，生产工艺简单，成本低廉，过去一直被认为是既安全又理想的化学物质。

1930年，氟氯碳化物首次由杜邦公司和通用汽车共同研发出来，此后在全球各工业国家不断增加。厂商大量制造，使用者也任其扩散至大气中，但没有人能意识到，40年后，人为因素破坏的大气臭氧层给自然界带来的危害。

据研究者称，大气中的臭氧含量减少1%，人类就会多3%的患皮肤癌的几率。南极的臭氧空洞也是全球变暖的重要信号，而全球变暖带来的一系列后果更令人担忧。

乔·法曼自己都没有想到，他的这一发现会如此深刻地影响世界。意识到氟氯碳化物对臭氧层的破坏之后，国际社会将限制其排放量。1987年，联合国的众多成员国签署了《关于消耗臭氧层物质的蒙特利尔议定书》，承诺分阶段停止生产和使用氟氯碳化物制冷剂。

有效的控制带来的效果是明显的。截至2008年11月8日，南极的臭氧空洞较往年没有变大。很多人也许因此免于罹患皮肤癌。根据最新的预计，2060年左右，臭氧层将恢复到20世纪80年代以前的水平。

外星抛送来的礼物

有时，在晴朗的星空里会出现一道隐约的光线，这就是人们常说的陨星划过夜空，如果这颗陨星落在地球上，那就是陨石。究竟是谁最先发现的这种现象无从考证，但是有许多文字记录。

在古代，人们往往把陨石当作圣物。比如，古罗马人把陨石当做神的使者，他们在陨石坠落的地方盖起钟楼来供奉。匈牙利人则把陨石抬进教堂，用链子把它锁起来，以防这个"神的礼物"飞回天上。我国是世界上最早发现陨石的国家，远至新石器时代，后经历朝历代，直到20世纪末，均有文字记载。

陨石是地球以外的宇宙流星，脱离原有运行轨道或成碎块散落到地球上的石体，是从宇宙空间落到某个地方的天然固体，也称"陨星"。它是人类直接认识太阳系各星体珍贵稀有的实物标本。

陨石，在没有落入地球大气层时，是游离于外太空的石质的、铁质的或是石铁混合的物质，若是落入大气层，在没有被大气烧毁而落到地面就成了我们平时见到的陨石。简单地说，所谓陨石，就是微缩版的小行星"撞击了地球"而留下的残骸。

人们在观察中发现，在太阳的卫星——火星和木星的轨道之间有一条小行星带，它就是陨石的故乡。这些小行星在自己轨道运行，并不断地发生碰撞，有时会被撞出轨道奔向地球，在进入大气层时，摩擦发出光热。陨石进入大气层时，产生的高温、高压与内部不平衡，便发生爆炸，就形成陨石雨。未燃尽者落到地球上，就成了陨石。

陨石的主要成分是硅酸盐，陨铁密度为 7.5—8.0，主要由铁、镍组成，陨铁石成分介于两者之间，密度在 5.5—6.0。全世界已收集到 4 万多块陨石样品，它们大致可分为 3 大类：石陨石（主要成分是硅酸盐)、铁陨石（铁镍合金）、石铁陨石（铁和硅酸盐混合物）。

据科学家观测，每年落到地球上的陨石物质使地球增重大约 1 万吨，大多数陨石重量不比沙粒大，而大到足以产生"火球"的陨石是很稀有的。由于多数陨石落在海洋、荒草、森林和山地等人烟罕至地区，被人发现并收集到手的陨石每年只有几十块，数量极少，但也有例外。1976 年 3 月 8 日，在我国吉林省吉林市降落的一场大规模的陨石雨，便是一次石质的球粒陨石雨。这次陨石雨散落的范围达 400—500 平方公里，搜集到的陨石有 100 多块，总重量在 2600 公斤以上。其中，最大的一号陨石重 1770 公斤，是目前世界上搜索到的最重的一块石陨石。

宇宙中的银河系

自古以来，人们就对浩瀚的宇宙十分感兴趣。我们的地球有多大？我们的太阳系有多大？宇宙的边际在哪里？这是一个十分复杂而庞大的问题。直到现在，关于银河系的状况，我们也不是很清楚。

发现银河系经历了漫长的过程。望远镜发明后，伽利略首先用望远镜观测银河，发现银河由恒星组成。之后，T·赖特、I·康德、J·H·朗伯等认为，银河和全部恒星可能集合成一个巨大的恒星系统。

18世纪后期，F·W·赫歇尔用自制的反射望远镜开始恒星计数的观测，以确定恒星系统的结构和大小，他断言恒星系统呈扁盘状，太阳离盘中心不远。他去世后，其子J·F·赫歇尔继续进行深入研究，把恒星计数的工作扩展到南天。

20世纪初，天文学家把以银河为表观现象的恒星系统称为银河系。J·C·卡普坦应用统计视差的方法测定恒星的平均距离，结合恒星计数，得出了一个银河系模型。在这个模型里，太阳居中，银河系呈圆盘状，直径8千秒差距，厚2千秒差距。H·沙普利应用造父变星的周光关系，测定球状星团的距离，从球状星团的分布来研究银河系的结构和大小。他提出的模型是，银河系是一个透镜状的恒星系统，太阳不在中心。H·沙普利得出，银河系直径80千秒差距，太阳离银心20千秒差距。这些数值太大，因为沙普利在计算距离时未计入星际消光。20世纪20年代，银河系自转被发现以后，H·沙普利的银河系模型得到公认。

关于银河系的年龄，目前占主流的观点认为，银河系在宇宙诞生的大爆炸之后不久就诞生了，用这种方法计算出，我们银河系的年龄大概在145亿岁左右，上下误差各有20亿年。

银河系约90%的物质集中在恒星内。银河系核心部分，即银心或银核，是一个很特别的地方。它发出很强的射电、红外、X射线和γ射线辐射。那里可能有一个巨型黑洞，据估计其质量可能达到太阳质量的250万倍。

1971年，英国天文学家林登·贝尔和马丁·内斯分析了银河系中心区的红外观测和其他性质，指出银河系中心的能源应是一个黑洞，并预言如果他们的假说正确，在银河系中心应可观测到一个尺度很小的发出射电辐射的源，并且这种辐射的性质应与人们在地面同步加速器中观测到的辐射性质一样。3年以后，这样的一个能源果然被发现了，这就是人马A。它的周围有速度高达300公里/秒的运动电离气体，也有很强的红外辐射源。所有已知的恒星级天体的活动都无法解释人马A的奇异特性。因此，人马A似乎是大质量黑洞的最佳候选者。由于目前对大质量的黑洞还没有结论性的证据，天文学家们谨慎地避免用结论性的语言提到大质量的黑洞。

银河系是地球和太阳所属的星系，因其主体部分投影在天球上的亮带，被我国称为银河系。银河系约有1200多亿个恒星，侧看像一个中心略鼓的大圆盘，整个圆形的直径约为10万光年，太阳位于距银河中心2.3万光年处。鼓起处为银心，是恒心密集区，白茫茫的一片。俯视银河系。像一个巨大的漩涡，这个漩涡有4个旋臂组成，太阳系位于其中一个旋臂。据美国国家地理杂志报道，天文学家描绘出了银河系最真实的地图，最新地图显示，银河系螺旋手臂与先前观测的结果大相径庭，原先银河系的4个主螺旋手臂，现只剩下2个，另外2个处于未成形状态。

迷人的太阳黑子

世界公认，中国最早发现和记录了太阳黑子。早在殷商甲骨文中就有与太阳黑子有关的记载，有学者认为，甲骨文"日"字中的一点（○）就是表示太阳黑子。目前，公认的世界上最早的太阳黑子记录，是《汉书·五行志》中"汉成帝河平元年三月乙末，日出黄，有黑气，大如钱，居日中央"的记述。

据太阳物理专家考证，这是公元前28年5月10日的一次太阳黑子记录。20世纪70年代末，中国科学院组织天文工作者，从公元前781—1918年的历史典籍中，查出数百条有关太阳黑子的记载。

太阳光那么耀眼，古人是怎么发现黑子的呢？据专家分析，黑子是太阳经常出现的现象，所以能看到它的机会很多。在日落或日出时，阳光穿过较厚的地球大气层，光度大大减弱，是适于肉眼观察的最好时机。另外，在漫天风沙或浓烟滚滚时看太阳不太刺眼，也可直接观察，较大的黑子用肉眼完全可以分辨出来。

欧洲最早用仪器观测太阳黑子的是意大利物理学家、天文学家伽利略。1610年12月，伽利略用他的望远镜多次在雾霭中观看太阳，但这也伤害了他的眼睛。他几乎每次观测时都在日面上看到黑子，并根据黑子在日面上的逐日移动，推测出太阳存在自转。从此以后，其他天文学家也使用望远镜观测黑子，并且试图描绘黑子在日面出现的位置及形状的草图。有趣的是，当时有些人以为太阳也像行星一样，表面结构是岩石的，黑子可能是白炽的海面浮出的火山。

1774年，英国天文学家威尔逊注意到，由于太阳的自转，有一个圆形的大黑子正向着太阳边缘缓缓移动。经过仔细观察，他发现这个黑子看上去仿佛是凹进去的。随着太阳自转，这颗黑子的"身影"就逐渐消失了。威尔逊断定，黑子在日面上是凹陷的。威尔逊的这个推断是正确的，现在知道这种凹陷的深度大约在100千米左右。

1840年，德国的一位业余天文学家发现了太阳黑子10-11年的周期变化规律。通过长期的观测，人们还发现太阳黑子在日面上的活动随时间变化的纬度分布也有规律性。一开始，几乎所有的黑子都分布在±30°的纬度内，太阳活动剧烈时，它往往出现在±15°处，并逐步向低纬度区移动，在±8°处消失。在上一个周期的黑子还没有完全消失时，下一个周期的黑子又出现在±30°附近。如果以黑子的纬度为纵坐标，以时间为横坐标，绘出的黑子分布图很像蝴蝶，因而称作蝴蝶图。许多专家对蝴蝶图的含义进行了研究，但是到现在还没有确定的结论。

太阳黑子并不是黑色的，它只是比光球面上无黑子区的温度低1000多摄氏度，所以相比之下就显得黯然失色了。黑子的大小和形状很不一样，大的黑子直径可达10万千米以上，小的黑子直径只有1000多千米。黑子中心处的黑暗区（暗核）称为本影，围绕着中心暗核区有纤维状结构的区域称为半影，它比本影亮些，但比光球暗淡。

太阳是地球上光和热的源泉，它的一举一动，都会对地球产生各种各样的影响。当太阳上有大群黑子出现的时候，地球上的指南针会乱抖动，不能正确地指示方向；平时很善于识别方向的信鸽会迷路；无线电通讯也会受到严重阻碍，甚至会突然中断一段时间，这些反常现象将会对飞机、轮船和人造卫星的安全航行、还有电视传真等等方面造成很大的威胁。黑子还会引起地球气候的变化，也会对植物的生长、人的健康产生影响。

异想天开的大陆漂移说

19世纪以前，尽管有许多人对大地提出了一些诸如天方地圆的看法，但人们尚未开始系统研究地球的整体地质构造，对海洋与大陆是否变动，并没有形成固定的认识。

1620年，英国的哲学家、政治家弗朗西斯·培根在地图上观察到，南美洲东岸和非洲西岸可以很完美地衔接在一起。尽管他把关于两块大陆的想法说了出来，但并没有证实两岸曾经是相连的。

1910年，年轻的德国气象学家魏格纳躺在床上休息，他在目不转睛的看着墙上的一幅世界地图。突然，他意外地发现，大西洋两岸的轮廓竟是如此相对应，特别是巴西东端的直角凸出部分，与非洲西岸凹入大陆的几内亚湾非常吻合。由此往南，巴西海岸每一个凸出部分，恰好对应非洲西岸凹形海湾；相反，巴西海岸每一个海湾，在非洲西岸就有一个凸出部分与之对应。这难道是偶然的巧合？

魏格纳开始搜集资料，于1915年在严谨的科学研究的基础上撰写了《海陆的起源》一书。魏格纳阐述了古代大陆原来是联合在一起、之后由于大陆漂移而分开、分开的大陆之间出现了海洋的观点。魏格纳认为，大陆由较轻的含硅铝质的岩石如玄武岩组成，它们像一座座块状冰山一样，漂浮在较重的含硅镁质的岩石如花岗岩之上（洋底就是由硅镁质组成的），并在其上发生漂移。在二叠纪时，全球只有一个巨大的陆地，他称之为泛大陆，风平浪静的二叠纪过后，风起云涌的中生代开始了，泛大陆首先一分为二，形成北方的劳亚大陆和南方的冈瓦纳大陆，并逐步分裂成几块小一点的陆地，四散漂移，有的陆地又重新拼合，最后形成了海陆格局。

魏格纳这一"石破天惊"的观点立刻震撼了当时的科学界，招致的攻击远远大于支持。一方面，这个假说涉及的问题太宏大了，如若成立，整个地球科学的理论就要重写。另一方面，魏格纳在大学里获得的是天文学博士学位，主要研究气象，他并非地质学家、地球物理学家或古生物学家。在不是自己的研究领域发表看法，人们对其假说的科学性难免会产生怀疑。而且，魏格纳理论最主要的弱点是，巨大的大陆是在什么上漂移的？驱动大陆漂移的力量来自何方？魏格纳认为硅铝质的大陆漂浮在地球的硅镁层上，即固体在固体上漂浮、移动。对于推动大陆的力量，魏格纳猜测是海洋中的潮汐，拍打大陆的岸边，引起微小的运动，日积月累使巨大的陆地漂到远方，还有可能是太阳和月亮的引力。根据魏格纳的说法，当时的物理学家立刻开始计算，利用大陆的体积、密度计算陆地的质量。再根据硅铝质岩石与硅镁质岩石摩擦力的状况，算出要让大陆运动，需要多么大的力量。物理学家经过计算发现，日月引力和潮汐力实在是太小了，根本无法推动广袤的大陆。

1968年，法国地质学家勒比雄在前人研究的基础上提出6大板块的主张，它们是——欧亚板块、非洲板块、美洲板块、印度板块、南极板块和太平洋板块。板块学说很好地解决了魏格纳生前一直没有解决的漂移动力问题，使地质学在一个新的高度上获得了全面的综合。20世纪80年代，人们确实相信，从大陆漂移说的提出到板块学说的确立，构成了一次名副其实的现代地学领域的伟大变革。

极地冰盖下的大陆

南极洲是一片被冰雪覆盖的大陆，是世界上发现最晚的大陆。自古以来就有许多探险家前往，可是究竟是谁最早发现南极洲的呢？英国人说，是英国船长詹姆斯·库克于1774年1月把船驶到了南纬71°10'的海域；俄国人说，是俄罗斯航海家别林斯高晋率领的探险队1820年1月16日发现了南极大陆；挪威人说，是挪威海员博尔赫格列文于1895年登上罗斯海入口处的岬角。

究竟是谁最早发现了南极洲呢？这个问题似乎并不像意大利探险家哥伦布"发现"美洲大陆那样，获得举世一致的公认。围绕判定最早发现南极洲的笔墨官司，至今没有结束，直至现在也没有一致的说法。

不过，有一些事实还是有共同的认可。比如，1911年12月14日，挪威著名极地探险家罗阿德·阿蒙森历尽艰辛，闯过难关，终于成为人类第一个登上南极点的人。第一个独闯南极洲的人，是挪威律师埃林·卡盖。1993年11月17日，29岁的埃林·卡盖从南极洲伦那讷冰架上的伯克纳岛出发，白天拖着装满生活用品的120公斤重的雪撬，以每天平均27公里的速度滑雪行进，晚上零下40摄氏度在帐篷中就寝。他经过50天的艰苦跋涉，独自行走了1310公里。

第一个潜到南极海底的中国人是刘宝珠。1985年1月28日上午9时许，在南极洲海域进行首次考察潜水作业的我国潜水长刘宝珠，身携100多斤重潜水装置，潜入乔治岛民防湾海底。20分钟后，37岁的刘宝珠从56米深的海底安全浮出水面。

南极洲包括南极大陆及其周围岛屿，总面积约1400万平方公里，其中大陆面积为1239万平方公里，岛屿面积约7.6万平方公里，海岸线长达2.47万千米。南极洲另有约158.2万平方公里的冰架。南极洲的面积占地球陆地总面积的1/10，相当于一个半中国大。

根据《南极条约》规定，南极不属于任何国家。

南极大陆95%以上的面积被厚厚的冰川覆盖，只有在南极大陆边缘区域有季节性的岩石露出，其余的绝大部分常年覆盖着冰雪。冰的平均厚度为2000米左右，最厚的地方达4800米，形成了一个巨大的冰盖，冰雪总体积为2800万立方公里。这些冰是由很纯的淡水组成的，构成了地球上最大的淡水宝库。如果这些冰完全消融，全球平均海平面将升高55~60米，这对人类的生存将会构成严重的威胁。

南极洲是世界上平均海拔最高的大陆，是一个平均海拔2350米的大高原，其中内陆高原的平均海拔为700米。不过南极洲的高度主要靠冰支撑，如果剥去上层冰的"伪装"，大陆的平均海拔仅410米；南极洲是世界上最冷的大陆，年平均气温为-25℃，1967年初，挪威在南极点附近记录的最低气温为-94.5℃；南极洲是世界上冰最多的大陆，98%的土地被冰雪所覆盖，冰的平均厚度为1880米(包括陆缘冰为1720米)。大陆内储藏的冰为2400万立方千米(包括陆缘冰)，占世界总冰量的89%；南极洲的兰伯特冰川是世界上最长的冰川，宽64公里，总长约514公里；南极洲是世界上风暴最强烈、最频繁的大陆，平均风速达每秒17~18米，个别地区的个别时间里，瞬时风速达每秒100米，该强风大约为12级台风的3倍，是迄今在世界上测到的最大风速；南极洲沿海是世界上产磷虾最多的海域。南极磷虾估计年产量有几亿吨到50亿吨；南极洲是世界上淡水贮量最多的大陆，约占世界淡水总量的72%，是地球上最大的淡水仓库。

流体力学的浮力定律

古希腊的阿基米德是一位天才智者，2000多年前在天文学、数学、物理学等诸多领域做出了卓越的贡献。

公元前287年，阿基米德出生在希腊西西里岛东南端的叙拉古城。

阿基米德的父亲是位天文学家和数学家，受其影响，阿基米德十分喜爱数学。大概在他9岁时，父亲送他到埃及的亚历山大城读书。在经过多年的求学历程后，阿基米德回到故乡——叙拉古。在十分安静宽松的环境里，阿基米德做了几十年的研究工作，在数学、力学、机械等方面获得了许多重要发现，取得了杰出的成就，成为当时欧洲最有建树的科学家。

据说，阿基米德经常忙于研究而废寝忘食，在他的住所，随处可见数字和方程式，地上更是画满了各式各样的图形，墙面与桌面也无法幸免，都成了他的计算板，由此可知他旺盛的研究精力和时时处处思考的人生态度。关于阿基米德的故事有许多，流传至今的有这样一则趣事。

相传，叙拉古赫农王让工匠替他做了一顶纯金的王冠，做好后，国王怀疑工匠在金冠中掺了其他物质从而降低了黄金的纯度。但问题是，这顶做好的金冠重量与当初交给金匠的纯金重量一样，到底工匠有没有捣鬼呢，真相无法得知。既想鉴别真假，又不能破坏金冠，这下可难倒了国王，大臣们也面面相觑，拿不出切实可行的好办法。

后来，国王想到了阿基米德，于是就请阿基米德来鉴别真伪。最初，阿基米德也是百思不得其解。他闭门谢客，苦苦寻找答案。一天，当他坐进澡盆里时，看到盆里的水直往外溢，同时感到身体被轻轻托起。于是，他突然领悟到，可以用测定固体在水中排水量的办法来确定金冠的比重。想到这儿，阿基米德兴奋地跳出澡盆，连衣服都顾不得穿好就跑了出去，大声喊着："我知道了！我知道了！"。

在经过了进一步的实验以后，阿基米德来到王宫，并对国王说："请允许我先做一个实验，才能把结果告诉你。"国王听后同意了。阿基米德将与皇冠一样重的金块儿、银块儿和皇冠分别放在了水盆里，于是就看到金块儿排出的水量比银块儿排出的水量少，而皇冠排出的水量比金块儿排出的水量多。

阿基米德对国王说："皇冠掺进了银子！"国王看了实验后，没有弄明白，便让阿基米德解释一下。阿基米德说："1公斤的木头和1公斤的铁比较，木头的体积大。如果分别将它们放入水中，体积大的木头排出的水量比体积小的铁排出的水量多。我把这个原理用在金块儿、银块儿和皇冠上，道理相同，金块儿的密度大，而银块儿的密度小，因此同等重量的金块儿和银块儿相比，必然是银块儿的体积大于金块儿的体积。

所以，同等重量的金块儿和银块儿放入水中，金块儿排出的水量自然就比银块儿的水量少。刚才的实验表明，皇冠排出的水量比金块儿多，说明皇冠的密度比金块的密度小，这就证明皇冠不是用纯金制造的。"阿基米德有理有力的讲述使国王信服了。

这次实验的意义是阿基米德从中发现了浮力定律：物体在液体中所获得的浮力，等于他所排出液体的重量。一直到现在，人们还在利用这个原理计算物体比重和测定船舶载的重量。

神秘美丽的黄金分割

黄金分割来自智者对大自然的观察，是大自然的神奇、美丽、和谐激发了智者的灵感，是智者不断探索、思考的结果，是人类在对自然的探索中不断发现和丰富的过程，是不同地域、不同文明共同创造的。

长期以来，数学界认为，这个奇妙的数字是古希腊数学家、哲学家毕达哥拉斯首先发现的，但缺乏有力的科学依据。公元前6世纪，毕达哥拉斯路过一个铁匠铺，他被清脆悦耳的锤子敲击声吸引住了，凭直觉他认定这声音有"秘密"！于是他径直站在那里，仔细测量了铁砧和铁锤的大小，发现它们之间的比例近似他正在思考的数学问题。

回家后，他拿来一根木棒，让学生在这根木棒上刻下一个记号，其位置既要使木棒的两端距离不相等，又要使人看上去觉得满意。经多次实验得到一个非常一致的结果，即用C点分割木棒AB，整段AB与长段CB之比，等于长段CB与短段CA之比。毕达哥拉斯接着又发现，把较短的一段放在较长的一段上面，也产生同样的比例，以致于无穷。经过计算得出结沦，长段(假设为a)与短段(假设为b)之比为1：0.618，其比值为0.618，可用公式 a：b=(a+b)：a 表达。此时，长段长度的平方又恰等于整个木棒与短段长度的乘积，即$a^2=(a+b)b$。

这一神奇的比例关系，后来被古希腊著名哲学家、美学家柏拉图誉为"黄金分割律"，简称"黄金律"、"黄金比"。这里用"黄金"两字来形容这个规律的重要性，可谓是恰如其分。

自毕达哥拉斯发现黄金分割以后，人们在许多领域广泛地使用黄金分割。公元前5世纪，希腊建筑家就知道0.618的比值是协调、平衡的。

举世闻名的帕提侬神庙的高和宽的比是0.618。古埃及的金字塔底面的边长与高之比都接近于0.618。公元前4世纪的希腊数学家欧多克斯曾研究过大量的比例问题，并创造了比例论。古希腊的著名数学家欧几里得，他在自己的著作《几何原本》中，介绍了用黄金分割作五边形、十边形的的问题。

现代的考古发现，在更早的公元前3200年，幼发拉底斯河下游的人类智者，已经发现了黄金分割，他们的依据是在当代考古的挖掘中，发现了埋藏在地下5000年的、刻有五角星的泥板，因为五角星图案与黄金分割有关，所以，他们推断那时的智者已经掌握了黄金分割。

生机盎然的大自然中，植物世界千姿百态。生物学家观察发现，植物的叶子无论形状如何，他们的排列是极具规律性的，相邻的两片叶子之间约成137.5°角，这个角度对叶子的采光、通风都是最佳的。那么，叶子间的137.5°角藏有什么"密码"呢？我们知道，圆的一周是360°，360°−137.5°=222.5°，137.5°：222.5°≈0.618。瞧，在叶子的精巧的排布中，竟然隐藏着黄金数。千奇百怪的动物世界也是这样。例如，以牛、马、狮、虎的前肢为界作一垂直虚线，将躯体分为两部分，其水平长度之比恰符合黄金分割。

不仅如此，人类的身体比例也符合黄金分割。据研究表明，从猿到人的进化过程中，骨骼方面以头骨和腿骨变化最大，从而使人类的躯干比例近似黄金分割，因此人体结构中有许多比例关系接近0.618。可见，人体的比例美是在进化的历史积淀中延续下来的。

这个来自大自然并具有神奇魅力的黄金分割，引起了身处不同时代，不同地域的各界学者最广泛的关注。他们在探索中发现，黄金分割在大自然中随处可见，是来自大自然的和谐之美。正如伟大的古希腊数学家、哲学家毕达哥拉斯所言，凡是美的东西都有共同的特性，那就是部分与整体之间的协调一致。很显然，黄金分割不仅是数学研究的最伟大的发现，还蕴含着深奥的哲学、美学意义。

给我一个支点

原始人为了保护自己的洞穴，常常用大石头堵住洞口。他们是怎样搬动大石头的呢？几千公斤的大石头不是轻易能搬动的，一定是工具帮了他们的忙。可能是这样的情景，几个原始人拿一根结实的树干想撬石头。他们把树干的一端放在大石头下面，在靠近这一头的树干下垫了一块小石头。当他压下树干另一端的时候，没花多大的力气，就把大石头给撬起来了。

公元前1500年左右，在埃及就有人用杠杆来抬起重物，不过人们不知道它的道理，也没有人能够解释清楚，甚至连有的哲学家在谈到这个问题的时候也一口咬定说，这是"魔性"。可阿基米德并不承认是什么"魔性"。他潜心研究了这个现象并发现了杠杆原理。阿基米德在《论平面图形的平衡》一书中最早提出了杠杆原理。他首先把实际应用杠杆中的一些经验当作"不证自明的公理"，然后从这些公理出发，运用几何学严密的逻辑论证，得出了杠杆原理。这就是"二重物平衡时，它们离支点的距离与重量成反比"。

他提出，在无重量的杆的两端离支点相等的距离处挂上相等的重量，它们将平衡；在无重量的杆的两端离支点相等的距离处挂上不相等的重量，重的一端将下倾；在无重量的杆的两端离支点不相等距离处挂上相等重量，距离远的一端将下倾；一个重物的作用可以用几个均匀分布的重物的作用来代替，只要重心的位置保持不变。阿基米德对杠杆的研究不仅停留在理论方面，而且还上升到了一系列的发明创造阶段。在保卫叙拉古城免受罗马海军袭击的战斗中，阿基米德利用杠杆原理制造了远、近距离的投石器，利用它射出各种飞弹和巨石攻击敌人，曾把罗马人阻于叙拉古城外达3年时间。

阿基米德确立了杠杆定律后推断说，只要能够取得适当的杠杆长度，任何重量都可以用很小的力量举起来。据说他曾经说过这样的豪言壮语："给我一个支点、我就能举起地球。"叙拉古国王听说后，对阿基米德说："当着宙斯起誓，你说的事真是稀奇古怪，阿基米德！"阿基米德向国王解释了杠杆的原理后，国王说："到哪里去找一个支点把地球撬起来呢?""这样的支点是没有的。"阿基米德回答说。

当时,国王正有一个难题,就是他替埃及国王造了一艘很大的船。船造好后,动员了叙拉古全城的人,也没法把它推下水。阿基米德得知后说:"好吧,我来替你推这艘船吧。"

阿基米德离开王宫后,就利用杠杆和滑轮的原理,设计、制造了一套巧妙的机械。一切都准备好后,阿基米德请国王来观看大船下水。他把一根粗绳的末端交给国王,让国王轻轻拉一下。顿时,那艘大船慢慢移动起来,顺利地滑下了水里,国王和大臣们看到这样的奇迹,好像看变魔术一样,惊奇不已。于是,国王信服了阿基米德,并向全国发出布告:"从此以后,无论阿基米德讲什么,都要相信他!"

单摆的等时性

伽利略是一位虔诚的天主教徒,每周都坚持到教堂做礼拜。1582年的一天,伽利略到教堂作礼拜,一位修理工人不经意触动了教堂中的大吊灯,来回摆动的大吊灯引起他的注意。伽利略聚精会神地观察着,脑海里突然闪出测量吊灯摆动时间的念头,凭着学医的经验,伽利略把右手指按在左腕的脉搏上计时,同时数着吊灯的摆动次数。

起初,吊灯在一个大圆弧上摆动,摆动速度较大,伽利略测算来回摆动一次的时间。过了一阵子,吊灯摆动的幅度变小了,摆动速度也变慢了,此时,他又测量了来回摆动一次的时间。让他大为吃惊的是,两次测量的时间是相同的。于是,伽利略继续测量来回摆动一次的时间,直到吊灯几乎停止摆动时才结束。每次测量的结果都表明来回摆动一次需要相同的时间。通过这些测量,伽利略发现,吊灯来回摆动一次需要的时间与摆动幅度的大小无关,无论摆幅大小如何,来回摆动一次所需时间是相同的,即吊灯的摆动具有等时性,这就是伽利略最初的发现。

伽利略带着初次发现的喜悦回到自己的房间,到处寻找实验所需要的东西,丝线、细绳、木球、铁球、铜球、石块等实验用品,在他的桌子上堆满了。

伽利略用细绳的一端系上小球,将另一端系在天花板上,这样就形成了一个单摆。用这套装置,伽利略继续测量摆的摆动周期。他先用铜球试验，之后分别换用铁球和木球试验。伽利略看到，无论用铜球、铁球，还是木球，只要摆长不变，来回摆动一次所用时间就相同，这表明单摆的摆动周期与摆球的质量无关。那么，摆动周期是由什么决定的呢？伽利略继续从实验中寻找答案。

伽利略首先做了两个摆长完全相等的单摆并测量它们的周期，测量结果使他看到这两个单摆的周期完全相等。他又做了十几个摆长不同的摆，逐个测量它们的周期。实验表明，摆长越长，周期也越长。伽利略在实验基础上通过严密的逻辑推理，证明了单摆的周期与摆长的平方根成正比，与重力加速度的平方根成反比。这样，伽利略不但发现了单摆的等时性，还发现了决定单摆周期的因素。

伽利略是一位善于解决问题的科学家，在发现了单摆等时性后，就提出了应用单摆的等时性测量时间的设想。此时，伽利略想到医生治病时经常需要测量病人脉搏跳动的快慢，只凭经验测量往往出现较大误差，能不能用单摆计时测量脉搏呢？于是，伽利略亲自制作了一个标准长度的单摆测量脉搏的跳动时间，这种测量装置比原来准确得多。之后，伽利略建议医生在诊脉时使用这种装置，不久这种装置在医学界流行开来。这就是世界上最早的"脉搏仪"，它是伽利略为医学做出的一个重要贡献。

单摆的等时性有许多实际应用。譬如，由于地球上不同的纬度和海拔，各地的重力加速度就有差异，用标准长度的单摆，测出它在某地的摆动周期，就能够求出该地区的重力加速度。再如，重力加速度的大小与该地区的地质结构密切相关，地下矿藏分布会引起它的微小变化。因此，通过测量重力加速度可以发现地下矿产资源，这种方法叫重力探矿。

1656年，荷兰科学家惠更斯进一步证实了单摆的等时性，并把它应用在计时器上，制成了世界上第一个计时摆钟。

自由落体定律

1600年2月17日，罗马宗教裁判所将布鲁诺施行火刑后，在意大利的比萨城里，一个比布鲁诺"更可怕的叛逆者"已经成长起来，他就是近代物理学的鼻祖伽利略。

原来，在伽利略之前，一切科学、哲学问题，全部包括在亚里士多德的学说里。亚里士多德的思想在当时被奉为金科玉律。当时，要是有学生提出一个问题，老师只说一句话："这是亚里士多德说的"，问者便不敢再生怀疑。然而，伽利略却与众不同，不但喜欢多想一想，还要去试一试。因其在数学、物理方面的成就，伽利略在比萨大学任数学教授，大力提倡观察和实验。这在当时的学者看来，简直是一个不知天高地厚的疯子。1590年，25岁的伽利略对亚里士多德的一个经典理论提出怀疑。亚里士多德认为，如果把两件东西从空中扔下，必定是重的先落地，轻的后落地，而伽利略却认为是同时落地，这自然没有人信。于是，他决定要做一次实验来证明他的论断。

当时，比萨城里有一座建于1174年的斜塔。1590年的一天，年轻的伽利略在这里进行了实验。塔下，比萨大学的校长、教授、学生，还有许多看热闹的市民将斜塔围了个水泄不通，人们正在疑惑，只见伽利略将身子从塔台上探出，左右手各拿一个重量相差10倍的铁球。当他把双手同时撒开时，只见这两个一大一小的铁球从空中落下，齐头并进，眨眼之间，"咣当"一声，同时落地。塔下的人，一下子都懵了。先是寂静了片刻，接着便嗡嗡地嚷成一团。这时，伽利略从塔上下来，校长和几个老教授立即将他围住说："你一定是施了什么魔术，让两个球同时落地。亚里士多德是绝对不会错的。"伽利略说："如若不信，我还可以上去重做一遍，这回你们可要仔细看看。"校长说："不必做了，亚里士多德全是靠道理服人的。重东西当然比轻东西落得快，这是公认的道理。就算你的实验是真的，但它不符合道理，也是不能承认的。"伽利略说："好吧，既然你们不相信事实，一定要讲道理，我也可以来讲一讲。就算重物下落比轻物快吧，我现在把这两个球绑在一起，从空中扔下，按照亚里士多德的道理，你们说说看，它落下时比重球快呢还是比重球慢？"校长不屑地说道："当然比重球要快！因为它是重球加轻球，自然更重了。"这时，一个老教授忙将校长的衣袖扯了一下，挤上前来说："当然比重球要慢。它是重球加轻球，轻球拖拉它，所以下落速度应是两球的平均值，介乎重球和轻球之间。"

听到这，伽利略不慌不忙地说道："可是世上只有一个亚里士多德啊，按照他的理论，怎么会得出两个不同的结果呢？"校长和教授们面面相觑，半天说不出话来。校长气急败坏地喊道："你这是强辩，放肆！"

这时，围观的人群"轰"的一声大笑起来。伽利略还是慢条斯理地说："看来还是亚里士多德错了！物体从空中自由落下时不管轻重，都是同时落地，就是说物体无论轻重，它们的加速度是相同的。物体从空中自由下落，轻重没有快慢差。你我一个加速度，共同享受九点八。"

别看伽利略慢慢说出这句话，可这却是物理学上一条极重要的定律——自由落体定律，它促进了以后一系列重大的科学发现。

神奇的万有引力

17世纪早期，以开普勒等天文学家对天体的观察和研究，取得了许多重大成果。开普勒对这些天文观测进行了总结，发现了开普勒三大定律。同时，伴随天文学的发展而出现的关于天体运行的问题也吸引着牛顿。

那时，人们已经能够区分很多力，比如摩擦力、重力、空气阻力、电力和人力等。牛顿首次将这些看似不同的力准确地归结到万有引力的概念里，苹果落地、人有体重、月亮围绕地球转，所有这些现象都是由相同原因引起的。牛顿的万有引力定律简单易懂，涵盖面广。

牛顿出生于英格兰林肯郡的小镇乌尔斯普，他的天才很早就展现出来了。1661年，牛顿中学毕业后考入英国剑桥大学三一学院。大学期间，由于在中学打下了良好的数学基础，再加上的自己刻苦钻研，牛顿的学习成绩突飞猛进，深受导师的喜爱，导师也将自己的专长，毫无保留地传授给了牛顿。1665年，牛顿大学毕业，获得学士学位，并留校从事研究工作，从此走上了科学研究的道路。就在这一年秋，伦敦发生了可怕的瘟疫，剑桥大学关门，牛顿回到了家乡。在家乡的18个月，可以说是牛顿一生中最重要的时期，几乎他所有最重要的研究成果就是在这个时期奠定的基础，而牛顿研究苹果落地的故事，也发生在这一时期。

在乡村的日子里，牛顿一直被这样的问题困惑：是什么力量驱使月球围绕地球转？地球围绕太阳转？为什么月球不会掉落到地球上？为什么地球不会掉落到太阳上？坐在姐姐的果园里，牛顿听到熟悉的声音，"咚"的一声，一个苹果落到草地上。他急忙转头观察第二个苹果落地。第二个苹果从外伸的树枝上落下，在地上反弹了一下，静静地躺在草地上。这个苹果肯定不是牛顿见到的第一个落地的苹果，当然第二个和第一个没有什么差别。苹果落地虽没有给牛顿提供答案，但却激发这位年轻的科学家思考一个新问题：苹果会落地，而月球却不会掉落到地球上，苹果和月亮之间存在什么不同呢？

第二天早晨，天气晴朗，牛顿看见小外甥正在玩小球。他手上拴着一条皮筋，皮筋的另一端系着小球。他先慢慢地摇摆小球，然后越来越快，最后小球就径直抛出。牛顿猛地意识到月球和小球的运动极为相像。两种力量作用于小球，这两种力量是向外的推动力和皮筋的拉力。同样，也有两种力量作用于月球，即月球运行的推动力和重力的拉力。正是在重力的作用下，苹果才会落到地上。

牛顿认为，重力不仅仅是行星和恒星之间的作用力，有可能是普遍存在的吸引力。他深信炼金术，认为物质之间相互吸引，这使他断言，相互吸引力不但适用于硕大的天体之间，还适用于各种体积的物体之间。苹果落地、雨滴降落和行星沿着轨道围绕太阳运行都是重力作用的结果。

当时人们普遍认为，适用于地球的自然定律与太空中的定律大相径庭。牛顿的万有引力定律沉重打击了这一观点，它告诉人们，支配自然和宇宙的法则是很简单的，并且是一致的，那就是物体间相互作用的一条定律，"任何物体之间都有相互吸引力，这个力的大小与各个物体的质量成正比例，而与它们之间的距离的平方成反比"。这就是著名的万有引力。牛顿在1666年的著作中发表了这一震惊世界的伟大发现，而他当时只有24岁。

能量守恒和转化定律

能量守恒和转化定律的发现是和一个"疯子"医生联系起来的。这个医生叫迈尔，德国汉堡人，1840年在汉堡独立行医。他对万事总要问个为什么，而且必亲自观察、研究、实验。1840年2月22日，他作为随船医生来到印度尼西亚。

一日，船队在加尔各达登陆，船员因水土不服都生起病来，于是迈尔依老办法给船员们放血治疗。在德国，医治这种病时只需在病人静脉血管上扎一针，就会放出一股黑红的血来，可是在这里，从静脉里流出的血仍然是鲜红的。迈尔开始思考，人的血液所以是红色的，是因为里面含有氧，氧在人体内燃烧产生热量，维持人的体温。这里天气炎热，人要维持体温不需要燃烧那么多氧，所以静脉里的血仍然是鲜红的。那么，人身上的热量到底是从哪来的？这是靠人吃的食物而来的，不论吃肉吃菜，都一定是由植物而来，植物是靠太阳的光热而生长的。他大胆推出，太阳中心约2750万度（现在我们知道是1500万度）。迈尔越想越多，最后归结到一点：能量如何转化？他一回到汉堡就写了一篇《论无机界的力》的论文，并用自己的方法测得热功当量为365千克米/千卡。但是，即使是物理学家也不相信他的话，很不尊敬地称他为"疯子"。

和迈尔同时期研究能量守恒的还有一个人——焦耳，他自幼在道尔顿门下学习化学、数学、物理，一边经营父亲留下的啤酒厂，一边搞科学研究。1840年，他发现将通电的金属丝放入水中，水会发热。通过精密的测试，他发现，通电导体所产生的热量与电流强度的平方、导体的电阻和通电时间成正比，这就是焦耳定律。1841年10月，他的论文在《哲学杂志》上刊出。随后，他又发现化学能、电能所产生的热都相当于一定的功。1845年，他带上自己的实验仪器及报告，参加在剑桥举行的学术会议。他当场演示实验并宣布，自然界的力（能）是不能毁灭的，哪里消耗了机械力（能），总得到相当的热。可台下那些赫赫有名的大科学家对这种新理论都摇头，连法拉第也说："这不太可能吧。"

焦耳不把人们的不理解放在心上，他回家继续做着实验，这样一直做了40年。1847年，他带着自己新设计的实验又来到英国科学协会的会议现场。在他极力恳求下，会议主席才给他很少的时间让他只做实验，不作报告。焦耳一边当众演示他的新实验，一边解释："你们看，机械能是可以定量地转化为热的，反之1000卡的热也可以转化为423.9千克米的功……"突然，台下的数学教授威廉·汤姆孙大叫道："胡说，热是一种物质，是热素，他与功毫无关系。"焦耳冷静地回答到："热不能做功，那蒸汽机的活塞为什么会动？能量要是不守恒，永动机为什么总也造不成？"焦耳平淡的几句话顿时使全场鸦雀无声。台下的教授们不由得认真思考起来，有的对焦耳的仪器左看右看，有的开始争论起来。

汤姆孙碰了钉子后，也开始思考，他自己动手做实验，找资料，没想到竟发现了迈尔几年前发表的那篇文章，其观点与焦耳的完全一致！他带上自己的实验成果和迈尔的论文去找焦耳，抱定负荆请罪的决心，要请焦耳共同探讨这个发现。

在啤酒厂里，汤姆孙见到了焦耳，看着焦耳的试验室里各种自制的仪器，他深深为焦耳的坚韧不拔而感动。汤姆孙拿出迈尔的论文说道："真的对不起，请您原谅，一个科学家在新观点面前有时也会表现得很无知……"

摒弃前嫌，两人并肩而坐，开始研究起实验来。1853年，两人终于共同完成能量守恒和转化定律的精确表述。

解开光谱的奥秘

1665年，由于伦敦发生大规模传染疾病，当时在牛津大学的牛顿也不得不离校回家，就是那一段时间里牛顿发现了光谱的奥秘。后来他作了著名的"判决性实验"，对光谱的形成作出了科学合理的解释，发现"白光是由各种色光混合而成的"这一真理。这项重大的发现，随即被广泛应用于一系列重要的领域中，加速了光学物理研究的发展。

自古以来，人们不断找寻这斑斓世界的绚丽色彩。希腊学者亚里士多德认为，各种不同颜色是由于照射到物体上的亮光和暗光按照不同的比例混合而成的。显然，这种解释并不能让人满意。后来，随着显微镜的发明，人们对光的研究逐渐加深，各种新式的光学元件都被用于观察五花八门的光学现象。凸透镜能将细小的物体放大，凹透镜则可以将大的东西缩小，而三棱镜就更奇妙了，它能将一束阳光折射成一条色带，按照红、橙、黄、绿、青、蓝、紫的顺序排列，后来人们称之为"光谱"。

为什么白色的阳光透过三棱镜后会变成七彩色带？当时比较流行的一种说法是，从太阳表面不同点发出的光进入棱镜时的角度各不相同，结果造成三棱镜对这些光线折射的不同，从而形成不同的颜色。

在光学上颇有造诣的科学家牛顿对此深感怀疑。为了判定太阳光谱的形成，他于1665年亲手制作了两个质量很好的光学三棱镜，并精心设计了一个"判决性实验"。

首先，牛顿将房间的百页窗放下，房内顿时暗了下来。百页窗上有一个事先挖好的小洞，外面的阳光透过这个小孔投射在三棱镜上，透过棱镜后，色散成一条彩带投射在牛顿设置的屏幕上。屏幕中间开有一条垂直的的狭缝，牛顿随后将棱镜不断转动，使光谱的红、橙、黄、绿、青、蓝、紫七条色带，依次投射在狭缝上。在屏幕的后面，牛顿又设置了一道三棱镜。这样，七色光依次透过第一道屏幕狭缝，再经过第二道三棱镜，最后投射在第二道屏幕上。这时奇异的现象出现了，第二道屏幕上只出现单一的色光，而不再出现七色光谱。

显然，那种关于光谱形成是由于光在入射时角度不同，而导致棱镜对它的折射不同的说法站不住脚。因为要真是那样的话，各色光从狭缝入射到第二个棱镜时的入射角也不相同，理应由于折射的不同而再一次造成色散形成新的光谱。但实验的结果与此不符。那么，如何正确解释太阳光（白光）通过三棱镜后形成光谱的现象呢？经过一番思考，牛顿得出以下结论：白光是由折射能力各不相同的色光混合而成的。当白光透过棱镜时，由于各种色光的折射能力不同，于是"各奔前程"，造成这些色光彼此远离而形成一条七彩色带，而对于其中一种色光而言，由于它已经是单一成分了，即使再透过棱镜也不会造成色散，而依然"保持本色"，只不过折射得更厉害一些而已。

牛顿的这一发现宣判了旧光学理论的"死刑"。然而，他并没有因此止步，而是回到实验室，又设计了一个"支持性实验"，迎来了新理论的"诞生"。牛顿在这次实验中用一只很大的凸透镜代替了第二个棱镜。结果，经过第一个棱镜色散后的光谱投射到凸透镜上，所有七种颜色的光会聚成一束白光！这个实验雄辩地证实，白光是由这些色光混合而成的。

牛顿终于揭开了光谱的奥秘。在提出白光形成的新理论后，他马上将这一理论运用到望远镜的改进工作上，成功地研制了一种由凹凸透镜组合而成的望远镜，一举消除了当时严重影响观测准确性的色差。牛顿的成功，奠定了现代大型光学天文望远镜的研制基础。

法拉第的电磁定律

自从1820年奥斯特宣布电能使磁针偏转后，法拉第就想，一定是电产生了磁才影响到磁针。1825年，皮鞋匠出身的电学家斯特詹在对一块马蹄铁通电后，竟将4千克的铁块吸起。不久，有人改进这个实验，吸起了300千克的铁块。电真的变成了磁，而且力量是巨大的。

法拉第反过来想，磁为什么变不成电呢？如果能变成电，那力量也一定不会小的。自从1821年他做完那个电绕磁转的实验后，脑子里就时刻在想着这个问题，并在笔记本上写了"转磁为电"几个大字。于是，他的口袋里常装着一块马蹄形磁铁、一个线圈，边冥思苦想，边做实验。他先是用磁铁去碰导线，电流计不动，在磁铁上绕上导线，还是没有电。他干脆把磁铁装在线圈里，接上电流计，指针依然纹丝不动。法拉第就这样颠来倒去，从1821年开始到1831年，不知不觉已过去整整10年，他脑汁绞尽、十指磨破，也没变出一丝丝电来。

一天，他又在地下实验室忙了半天，还是毫无结果，便说了声："算了吧！"于是，气得将那根长条磁铁向线圈里嗖的一声扔进去，仰身向椅子上坐去。可是就在他仰身向椅子上坐的一刹那间，他忽然看见电流计上的指针向左颤动了一下。他赶忙眨了一下眼，再看指针又在正中不动了，他想也许是看花眼了，因为人们在高度集中精力的实验中，有时看到的只是自己的幻象。他这么想着，欠着身子将磁铁抽出来又试了一次。不想，这回一抽，指针又向右动了一下，这回可是真真切切的了。他忙将磁铁插回，指针又向左偏了一下。哎呀，有电了，磁成电了！

10年的苦思，一朝实现在眼前。法拉第将那磁铁在线圈里不停地抽出插入，上上下下就如同捣蒜一般，把个桌子捅得咚咚直响，那电流计上的指针也就像拨浪鼓似的左右摇个不停，原来磁变电是要通过运动！这时，法拉第贤惠温柔的妻子萨拉见他还不按时上来吃饭，便端着一盘面包、牛奶、几样小菜来到地下室，刚一推门，就看见法拉第正对着线圈"捣蒜"，便扑哧一声笑着喊道："迈克尔，开饭喽！"法拉第抬起头，扔掉磁铁，像一只小鸟一样飞到萨拉面前，展开双臂搂住她的肩膀，就地打了一个旋。萨拉手中的牛奶、面包、菜碟统统掉在地上。她喊道："迈克尔，你怎么啦，牛奶撒了，盘子打了，你吃什么呀。"

"不要了，什么也不要了。今天有电了，有电就够了，只要电就行了!"

1831年10月17日，磁终于变了电。

法拉第虽发现了磁变电，却还是"穷追不舍"。他先将直棒磁铁换成马蹄形的，又将线圈换成一个铜盘，铜盘可以连续摇动，这样就可以获得持续电流了，而这就是世界上第一台发电机的雏形。

爱因斯坦的相对论

举世闻名的德裔美国科学家、现代物理学的开创者和奠基人，相对论、质能关系的提出者，决定论量子力学诠释的捍卫者——爱因斯坦，1999年12月26日被美国《时代》周刊评为"世纪伟人。"

1879年3月14日，爱因斯坦出生在德国乌尔姆市班霍夫街135号，父母都是犹太人。1900年，爱因斯坦毕业于苏黎世工业大学，先后在意大利、捷克等国的大学里任教授，因他对光电效应作出解释，于1923年7月在哥德堡接受1921年度诺贝尔奖金。二战期间，因受法西斯的迫害，被迫于迁往美国，1940年加入美国国籍。

19世纪后期是物理学的大变革时期，爱因斯坦从实验出发，重新考量了物理学的基本概念，在理论上作出根本性的突破。他的一些成就大大推动了天文学的发展。他的量子理论对天体物理学、特别是理论天体物理学都有很大的影响。理论天体物理学的恒星大气理论，就是在量子理论和辐射理论的基础上建立起来的。

16岁时，爱因斯坦就从书本上了解到光是以很快速度前进的电磁波，他产生了一个想法：如果一个人以光的速度运动，他将看到一幅什么样的世界景象呢？他将看不到前进的光，只能看到在空间里振荡着却停滞不前的电磁场。这种事可能发生吗？

1905年，爱因斯坦向世界公布了他发现的狭义相对论。这篇文章提出了一个著名的公式，即能量等于质量乘以光速的平方。他首次揭示了物质、能量和质量可以相互转换，这实际上是原子能量释放的一个理论基础。

1937年，在两个助手合作下，他从广义相对论的引力场方程推导出运动方程，进一步揭示了空间、时间、物质、运动之间的统一性，这是广义相对论的重大发展，也是爱因斯坦在科学研究活动中取得的最后一个重大成果。

爱因斯坦的狭义相对论成功地揭示了能量与质量之间的关系，坚守着"上帝不掷骰子"的量子论诠释（微粒子振动与平动的矢量和）的决定论阵地，解决了长期存在的恒星能源来源的难题。近年来，狭义相对论已成为解释高能物理现象的一种最基本的理论工具。广义相对论解决了天文学一个多年的不解之谜，推断出后来被验证了的光线弯曲现象，成为后来许多天文概念的理论基础。11年以后，他又把时空方面的认识进一步拓展，改写了牛顿力学的理论框架，使人类对物质的能量、质量、时间、空间的认识进入到了一个新阶段，为以后的航天科技、核科技打下了理论基础。

1942年，芝加哥大学建成第一个反应堆，虽然这个反应堆的能量只有150瓦，但是它证明了粒子反应是可以产生能量的，证明了爱因斯坦讲的能量可以转化是正确的。3年后，美国就在墨西哥洲沙漠中爆炸了第一颗原子弹，原子能量就被人类释放出来。1956年，前苏联建成了第一个5000千瓦的可供工业使用的原子能反应堆，人类进入了原子能时代。除核武器以外，原子能成为继火力、电子发电之后的又一个重要能源来源。

爱因斯坦热爱科学，也热爱人类。他没有因为埋头于科学研究而把自己置于社会之外，一直关心着人类的文明和进步，并为之顽强、勇敢地战斗。他说："人只有献身于社会，才能找出那实际上是短暂而又有风险的生命的意义"。

电磁波的火花

18世纪，由于工业革命的迅猛发展，特别是钢铁工业的迅速发展，当时的冶金业出现了许多与燃烧有关的问题，例如：炼钢为什么要鼓风？风速应多大？量为多少？温度多高？这一系列疑问亟需建立一种正确的燃烧理论来指导生产，可统治100多年的燃素说仍然左右着人们。为此，一批优秀的化学家对原来的"燃素说"产生了质疑，而由法国化学家拉瓦锡所做的实验研究则引起了一场近代化学的革命。

拉瓦锡出生于巴黎富裕的律师家庭，自幼对天文、数学、植物、矿物、化学等自然科学深感兴趣。大学毕业后，他决心投入科学研究工作。

1772年，拉瓦锡当选为科学院院士，他这时主要思考的问题是燃烧的本质。为了研究这个问题，拉瓦锡常和其他化学家开展热烈的讨论。在一个寒冷的晚上，他与实验室的同事马凯尔和卡德一起研究在高温下灼烧金刚石的实验。按一般情况，物质燃烧后总有一点灰渣，可是金刚石灼烧后却没有任何灰渣，消失得无影无踪。为什么会出现这样奇异的现象呢？他们讨论认为，因为加热是在空气中进行的，空气不会产生影响。如果在隔绝空气的情况下灼烧金刚石，又会产生什么现象呢？第二天，拉瓦锡带来了几块金刚石，涂上一层厚厚的石墨稠膏用来隔绝空气，然后把小黑球加热烧到通红，并且发出了光。待小黑球冷却几小时后，剥掉涂料，金刚石仍然是完整的。拉瓦锡推测：金刚石消失的神秘现象竟然与空气有关。也许它们是跟空气结合在一起的。对拉瓦锡来说这一发现是不寻常的。

拉瓦锡立刻着手研究磷和硫的燃烧，成功地收集了磷燃烧冒出的全部白烟，并称量出它比原来的磷重。拉瓦锡判断，磷与空气化合了，但它们是怎样化合的呢？于是，他设计了这样的实验：在密闭的器皿里燃烧磷，并称出有关各物质的重量。把装有磷的小盘子放在水面的软木座上，用烧红的金属丝点燃磷，迅速用玻璃把它罩上，白色浓烟充装了玻璃罩，然后就熄灭了，水在罩内开始上升，过一会儿，水位就停止上升了。拉瓦锡认为，可能用的磷少了，不能跟罩内的空气全部化合。于是他用更多的磷做了十几次实验，水位上升的高度都相同。他想，磷仅仅与1/5的空气化合，难道空气是复杂的混合物吗？拉瓦锡研究硫的燃烧，硫也只能同1/5的空气化合。

1774年，拉瓦锡做了著名的金属锻炼实验，他将锡和铅分别密封在曲颈瓶中，在加热前后都精确地称量，发现瓶和锻灰的总重量并未改变。当他把瓶子打开后，发现有空气冲进瓶内，这时的瓶和锻灰的总重量增加了。空气进入瓶内增加的重量与金属变成锻灰增加的重量正好相等。拉瓦锡根据这些实验，对燃素学说产生了怀疑，并指出金属锻灰的增重与燃素无关，而是由金属与空气化合的缘故。

后来，他做了大量的燃烧实验都说明燃素是不存在的。1777年，他接受其他化学家的解释，确认空气是两种气体的混合物。一种是能助燃的、有助于呼吸的氧气，另一种是不助燃的、无助于生命的氮气。这个以氧为中心的理论简明地把燃素学说所不能解决的问题解决了，把燃素学说误解的问题也纠正了，使人们能够按照燃烧的本来面目掌握燃烧的规律。

1789年，拉瓦锡出版了他的名著《化学纲要》，以大量的实验事实为根据，系统、全面地批判了燃素学说，客观地阐明了燃烧的氧化学说。著名化学家武兹和贝特罗都把它称为一场全面的化学革命。

可透视的伦琴射线

1836年，英国科学家法拉第发现，在稀薄气体中放电时，会产生一种绚丽的光。后来，物理学家把这种光称为"阴极射线"，因为它是由阴极发出的。为探明阴极射线，许多科学家进行了研究。

一次，德国科学家克鲁克斯按常规方法做真空放电实验，用照相机拍摄亮光，可底片洗出来后，什么也没有，照片漆黑一片，克鲁克斯用各种方法拍摄也未能成功。这在当时被物理学界称为"未解之谜"。

1895年，德国物理学家威廉·康拉德·伦琴对阴极射线产生了极大的兴趣，开始了深入研究。当他把荧光板靠近玻璃管的铝窗时，觉得玻璃管内的亮光影响了自己对荧光板的观察。于是，他就找了一张包照相底片的黑纸，把玻璃管包住。这样玻璃内的亮光就透不出来了。当伦琴把荧光板靠近玻璃管的铝窗时，荧光板上发出微弱的亮光，但当荧光板离铝窗稍远些时，荧光板上就不会发光了。伦琴认为，这可能是因为阴极射线在稍远些距离被空气的粒子相碰而飞散，以致无效。

接着，伦琴换上没有铝窗的玻璃管。按正常的程序，他将玻璃管包好，打开开关，伸手拿起桌面上的荧光板。这时，他发现了一个令他大吃一惊的现象：荧光板的边缘上出现局部手骨的影子。伦琴知道，这是他拿荧光板的手的手骨轮廓。于是，他索性将手放在荧光板后面，结果荧光板上出现了完整的手骨影子。"怪事，这是怎么回事？"伦琴认定这不是阴极射线，因为阴极射线的射程很短。"不是阴极射线，那又是什么呢？"伦琴绞尽脑汁推测，这也许是一种人们未知的射线。为了弄清射线的性质，他做了一系列的试验：将一本笔记本放在玻璃管和荧光板之间，荧光板照样发光；将一块木头放在玻璃管和荧光板之间，荧光板也照样发光；将一块铁板放在玻璃管和荧光板之间，荧光板只剩下谈淡的一点亮光；将一块铅板放在玻璃管和荧光板之间，荧光板上什么也看不见了。

几天来，伦琴做了各种试验，以了解这种射线的"脾气"。

这时，伦琴的妻子觉得伦琴几天没回家了，很不放心，便来到他的实验室。

"你来得正好，我给你表演个魔术。"伦琴看见妻子，高兴地说。

于是，伦琴就把妻子的手放在荧光板后面，然后打开开关，荧光板上出现了手骨图像，连那枚结婚戒指也显现出来。

"啊，我的手？"伦琴的妻子尖叫起来。

"对！是你的手，怎么样，看见你手的骨头长得什么样了吧！"伦琴得意地说。

伦琴的妻子对这神秘的射线感到不可思议，便向丈夫讨教道："这是什么射线？"

"我也不知道叫什么射线，它还是一个X(表示未知)!"伦琴停了一会儿，又说道："不然就叫'X射线'吧!"

射线的发现，揭开了20年前的克鲁克斯的未解之谜。原来，当阴极射线碰到玻璃管放射出X射线后，这射线把附近的相片底片统统曝光了——也就是说，在相机拍摄前，底片已被曝光。

X射线具有很强的穿透力，很快就在医学界得到应用，医生常用X射线为患者作透视检查，以准确诊断患者的病情，它为疾病的治疗提供准确的依据，使医疗诊断水平大大提高。后来，医生还利用X射线治疗肿瘤等病变。

X射线不仅仅在医学得到广泛应用，在工业生产、日常生活中个也得到了应用，例如：用X射线对机械、零部件进行无损探伤；对电离计、闪烁计数器和感光乳胶片等检测；对人员进行安全检查等。

X射线的发现，被誉为19世纪末物理学的"三大发现"之一，伦琴也因此在1901年成为诺贝尔物理学奖获得者。

打开基本粒子的大门

电子是第一个被发现的基本粒子，英国科学家汤姆孙是第一个发现电子的人，后人称他为"最先打开通向基本粒子物理学大门的伟人"。因其发现了电子，及其对气体导电理论及实验的研究所做的贡献，1906年诺贝尔物理学奖授予了汤姆孙。

1858年"阴极射线"被发现，但阴极射线是由什么组成的，一直众说纷纭，并引发了一场英、法、德科学家之间的大争论。由德国物理学家组成的论战一方主张，阴极射线是以太的特殊振动；由英国、法国的物理学家组成的论战另一方认为，阴极射线是带负电的粒子流。问题一直得不到公认。本来，克鲁克斯在1879年的几个实验就足以证明粒子论者的观点是正确的，但由于当时普遍认为原子是组成物质的基本单位，且不可再分，因而不能解释勒纳德在1893年将"阴极射线"引出阴极管外的现象，致使论战截至伦琴射线发现时还未结束。

1897年，汤姆孙走上了科学实验的舞台，他用不同的方法测定了阴极射线粒子的荷质比，证明它们是一种更基本的粒子，导致了电子的发现。至此，争论才落下帷幕。

汤姆孙为了证实电子的存在，花费了大量精力，做了很多精彩的实验，取得了令人叹服的成果。由此，科学界公认他是"电子的发现者"。

1891年，他用法拉第管开始了原子核结构的理论研究。他研究了阴极射线在磁场和电场中的偏转，作了比值 e/m（电子的电荷与质量之比）的测定，结果他从实验中发现了电子的存在。他把电子视为原子的组成部分，用原子内电子的数目和分布来解释元素的化学性质。与此同时，他提出了原子模型，将原子看成是一个带正电的球，电子在球内运动。他还进一步研究了原子的内部构造和阳极射线。

电子的发现打破了原子不可分的物质观，向人们宣告原子不是构成物质的最小单元，它具有内部结构，是可分的。电子的发现与微观物质的组成有最直接的关系，它是组成原子的普通成分，它的质量比氢原子要小3个数量级。

电子的发现开辟了原子物理学的崭新研究领域。在这以后，电子的性质、原子中电子的运动规律、电子通过晶体的衍射等都是物理学家感兴趣的研究内容。

电子的发现开辟了电子技术的新时代。20世纪20年代，从电子管生产到半导体管的诞生及半导体技术的发展，再到集成电路的发明，使人类逐步进入微电子科技时代。作为现代技术革命的重要标志的微电子技术，不仅使人类的通讯技术进入高速、准确和可靠的领域，同时，也大大促进了电子计算机技术的发展，微电子技术和电子计算机技术正是现代信息技术的两个重要基础，使今天的人类社会又步入了一个新的发展时期。

基本粒子的奇幻世界

什么是真空？是虚无，是宇宙？在许多人的心目中，真空就是没有空气的空间。人类在没有找到真空以前，设想出一个理想环境，即什么物质都没有。人们为了叙述这一理想环境，用了一个词——真空，但一直没有找到这一环境。其实，真空中隐藏着巨大的奥秘。在小到不能再小的微观世界，竟然可以从什么也没有的真空飞出许多基本粒子来。这样的基本粒子不计其数，而且它们急匆匆地一会儿生成，一会儿消失。真空，绝非我们想象中"静止"的、什么也没有的空间。相反，真空是一种正在发生着激烈活动的场所，是不可思议的奇异环境。

通常，我们说宇宙空间是没有空气的真空。真空，字面意思就是"完全空"，"空无一物"。但是，实地检测一下航天飞机轨道附近的空间，却发现那里仍然存在着稀薄的空气。即使是真空包装袋和暖水瓶瓶胆夹层里面，也不是什么都没有。我们无论采用什么办法，都无法使我们的真空是"没有一点空气"的。我们所说的真空，不过是"空气极其稀薄的空间"罢了。

意大利物理学家托里拆利首次发现并证明了真空的存在，发现了大气压强。这应是人类首次发现真空。

托里拆利是意大利物理学家、数学家，1608年10月15日出生于贵族家庭，幼年时表现出数学才能，20岁到罗马在伽利略的学生B.卡斯提利指导下学习数学，毕业后成为他的秘书。

1644年6月11日，托里拆利正在伏案疾书。他兴致勃勃地把自己刚刚试验成功的一个实验结果写信告诉朋友。他在信中说：包围着地球的大气层很厚，对地球上的物体能产生很大的压力。经计算，地面上每平方厘米上空的空气所产生的压力有1.033公斤。为了测算大气压强，他做了这样一个实验：将一根1米长、一端封闭的长玻璃管灌满水银，用手指堵住开口的一端，并把玻璃管倒插于一个水银槽中。当手指放开后，管中水银面下降，但不会全部落下来，当降到离槽中水银面76厘米高处就停止了。玻璃管水银面上的空间是真空，76厘米高水银柱的形成是大气压力的缘故。

托里拆利的实验结果传到法国后，在学术界引起了极大反响，帕斯卡通过进一步研究，发现了著名的帕斯卡原理，这一原理也是水压机的理论基础之一。几乎与此同时，德国人盖里克也正独立地进行此项研究，1650年，他制成了第一台活塞真空泵，并于1654年在马得堡进行了著名的马得堡半球实验。这个著名的实验又一次证明，空间有大气存在，且大气有巨大的压力。

19世纪中后期，英国工业革命的成功，促进了生产力和科学技术实验的发展，同时也推动了真空技术的发展。1850—1865年，先后研制成功白炽灯泡、阴极射线管、杜瓦瓶和压缩真空计。20世纪初，开始制造真空电子管，使真空技术向高真空发展。自此，真空技术开始成为一门独立学科，特别是第二次世界大战期间，原子物理实验和通信对高质量真空电器件的需要，更加促进了真空研究的发展。

奇特的红外线

太阳是太阳系的热源，太阳光给地球带来了生机。人们自古以来就对太阳产生了极大兴趣，对太阳进行了观察和研究，并在不同时期取得了不同成果。19世纪发现阳光中的红外线，就是物理学中的一大发现。这位第一次发现人类肉眼不可见光的人，就是英国科学家赫歇尔。

1800年，赫歇尔设计一个简单的实验，让阳光通过三棱镜，产生七彩光谱，利用3支涂黑酒精球的温度计（较能吸收辐射热），1支置于可见光某一色光中，另2支置于可见光外作为背景值的测量。他发现，从紫光、蓝光、绿光、黄光、橙光到红光，温度依序增高！更不可思议的是，在红光区域旁，肉眼看不见光线的地方，温度居然更高。

这时赫歇尔脑里有了一个问号，为什么没有光的地方有更高的温度？他思索着：不！这里一定有眼睛看不到的光！他反复做实验，终于肯定了实验推断，这个人类从来没看见的光线被这位不凡的科学家发现。由于这束光线在红光的外侧，所以就叫它红外线。

红外线的波长范围大约从7000埃到1毫米，1埃等于一亿分之一厘米。实验表明，只要是温度高于绝对零度的物体，它总要或多或少地散射出红外线来，按红外线波长范围可分为近、中、远3种。其实，红外线就是一种电磁波，本身会携带大量的能量，因此人们叫热辐射。它是不可见光，却具备可见光所具有的一切特性。因为远红外是属于光线范围的电磁波，所以它与光线一样，不需要任何媒介便可直接传导，这就是远红外的发射性。

虽然远红外是属于光线的电磁波，渗透力上与其它可见光不同。远红外具有独特的穿透力，其能量可作用到皮下组织一定深度，再通过血液循环，将能量送到深层组织及器官中。这就是远红外线的渗透性。另外，红外线具有良好的吸收、共振性。

多年后，人们对红外线的物理性质进行了研究，并积极利用红外线的物理性质，开发了红外线在工业、农业、军事、医疗等领域的应用。红外探测器是普遍应用的一种装置，有各类的红外探测器，有的装在卫星上，有的装在飞机上，有的直接用手拿着，这种探测器用途极其广泛。比如，气象卫星上的红外线探测器可以拍照云图，资源卫星上的红外探测器可以用来寻找矿藏。红外摄像仪，是一种在光线极暗时拍照的新型照相机，它可以在夜间拍照影像。燃气红外辐射器，可以为北方冬季室内供暖。燃气红外炉灶，是一种节能的灶具。在农业的应用上，远红外线能改善土壤酸化、分解农药、促进果实熟化并增加甜度；在水殖渔业的应用上，远红外线能有效净化水质，抑制细菌滋长，增加渔获收成。

红外线有明显的热辐射，对人体有帮助的4—14微米的远红外线，能渗透人体内部15厘米，从内部发热，促进体内微血管的扩张，使血液循环顺畅，达到新陈代谢的目的，进而增加身体的免疫力及治愈率。所以，红外医疗器械不断地被发明出来。

不过，红外线污染问题也不容忽视，红外线是一种热辐射，对人体可造成高温伤害。较强的红外线可造成皮肤、眼睛的伤害，这也是我们应该注意的。

卡文迪许的连锁发现

提起卡文迪许实验室，几乎无人不晓。卡文迪许实验室是英国剑桥大学的物理实验室，实际上就是物理系。

剑桥大学的卡文迪许实验室建于1871—1874年，是当时剑桥大学的一位校长威廉·卡文迪许私人捐款兴建的。他是18—19世纪，对物理学和化学做出过巨大贡献的科学家亨利·卡文迪许的近亲，实验室因此用他的名字命名。

亨利·卡文迪许是英国化学家、物理学家。1731年10月10日生于法国尼斯，1742—1748年，在伦敦附近的海克纳学校读书，1749—1753年，在剑桥彼得豪斯学院求学。在伦敦定居后，卡文迪许在他父亲的实验室中当助手，做了大量的电学、化学研究工作。他的实验研究持续50年之久。

从1771年起，卡文迪许全神贯注于电学的实验研究上，这是他的一个系统、持久的研究课题。直到1781年，普利斯特列在一项卡文迪许曾探索过的研究题目上有了新的发现，才请卡文迪许加入到气体的研究中。

1781年，普利斯特列宣称他做了一个"毫无头绪"的实验，他将卡文迪许发现的氢气和自己发现的脱燃素空气（氧气）混和在一闭口瓶中，然后用电火花燃爆，发现瓶中有露珠生成。他怀疑自己的实验结果，也无法解释自己的实验。当普利斯特列将这一情况告诉卡文迪许后，引起他的极大兴趣。

在征得普利斯特列的许可后，卡文迪许继续这一实验。由于他设计的实验较精确，很快得到结论。他在1784年发表的论文《关于空气的实验》中指出，氢气和普通空气混和进行燃爆，几乎全部氢气和1/5的普通空气凝结成露珠，这露珠就是水。他又采用氧气代替普通空气进行多次实验，同样获得了水。他还证明氢气和氧气相互化合的体积比为 2.02：1。由此，他确认了水是由氢气和氧气化合而成的，这一个实验发现了水是由氢和氧两个元素组成的化合物。

在上述实验中，卡文迪许遇到两个意外的问题。他发现，燃爆氢气与氧气的混和气体时，有时所产生的水有点酸味，用碱中和，再将水蒸发可得到少量的硝石。若氧气愈多，生成的酸也就多些，若氢气过量，则没有酸生成。这是为什么？为此，他继续做了一系列实验，终于解决了疑难。

在 1785 年发表的论文中，他指出，水的酸味是因为水中含有硝酸或亚硝酸，它们的生成则由于氧气中混有氮气，在电火花燃爆的高温中，氧气和氮气会化合，而氢气与普通空气混和燃爆时，由于大量氮气的存在，反应温度不够高，从而无法生成硝酸。这一精细的实验为人们提供了一种由空气制取硝酸的方法。

卡文迪许还发现，燃爆反应后的硝酸或亚硝酸用钾碱溶液中和，过量的氧气用硫化押溶液吸收掉后，试管里仍剩下一个很小的气泡，这气泡的体积约是氮气总体积的 1/120。这部分气体的性质与氮气不一样，根本不参加化学反应。它究竟是什么呢？卡文迪许没法解释。但是，他为后人提出了一个研究课题，直到 100 年以后，英国化学家瑞利和拉姆塞才证实，这部分气体实际上是惰性气体。

超导的多用性

19 世纪末，科学家们发现了一个奇怪的现象：当温度下降到一定程度的时候，某种金属、合金、化合物的电阻会突然消失，成为一点儿电阻也没有的理想导体，这就是超导状态。具有这种特性的物质，就称为超导体。荷兰物理学家卡麦林·翁纳斯，首先在实验中发现了这种现象。

卡麦林·翁纳斯于 1853 年 9 月 21 日生于荷兰格罗宁根，早年在家乡念书，20 岁获得博士学位，从 1882 年起，担任荷兰莱顿大学的物理学教授和实验室主任。

1908 年，卡麦林·翁纳斯和他的学生成功地液化了氦气，并达到当时地球上所能达到的最低温度—4.2K。1911 年，卡麦林·翁纳斯和他的学生们选择了最容易提纯的水银作为实验材料，进行了各种低温实验。

当温度降低到绝对温标－4.2K，也就是－269℃的时候，电阻突然奇怪地消失了！经过反复实验和检验，"超导电性"现象终于被发现了。这一发现导致了超导物理学的诞生。由于低温物理学上的重大突破和成功地液化了氦气，卡麦林·翁纳斯获得了1913年的诺贝尔物理学奖，卡麦林·翁纳斯是第一个因为超导理论的研究而获此殊荣的科学家。

卡麦林·翁纳斯还发现，如对物质加上足够强的磁场，即使在可以实现超导的温度下，超导现象也会消失。在紧靠绝对零度处，超导现象还具有其他一些特性。一种液态氦（氦Ⅱ）的特性与所有其他物质的特性截然不同。于是，又一个超低温的全新领域被开辟出来。现代计算机可以利用超小型开关，使大量的电路装进一个很小的空间内。这些开关在超导状态下工作，因而必须在液态氦内冷却。

零电阻效应是超导态的两个基本性质之一。电阻的消失叫做零电阻性。所谓"电阻消失"，只是说电阻小于仪表的最小可测电阻。也许有人会产生疑问，如果仪表的灵敏度进一步提高，会不会测出电阻呢？用"持久电流"实验可以解决这个问题。如果回路没有电阻，自然就没有电能的损耗。一旦在回路中激励起电流，不需要任何电源向回路补充能量，电流可以持续地存在下去。有人曾在超导材料做成的环中把电流维持两年半之久而毫无衰减。由此可以判定，电阻率的上限为10—23欧姆厘米，还不到最纯的铜的剩余电阻率的百万亿分之一。

超导态的另一个基本性质是抗磁性，又称迈斯纳效应，即在磁场中一个超导体只要处于超导态，则它内部产生的磁化强度与外磁场完全抵消，从而内部的磁感应强度为零。也就是说，磁力线完全被排斥在超导体外面。

利用超导体的抗磁性可以实现磁悬浮。把一块磁铁放在超导盘上，由于超导盘把磁感应线排斥出去，超导盘跟磁铁之间有排斥力，结果磁铁悬浮在超导盘的上方。这种超导悬浮在工程技术中是可以大大利用的，超导悬浮列车就是例证。让列车悬浮起来，与轨道脱离接触，这样列车在运行时的阻力降低很多，沿轨道"飞行"的速度可达500公里/小时。高温超导体发现以后，超导态可以在液氮温区(零下169摄氏度以上)出现，超导悬浮的装置更为简单，成本也大为降低。我国上海就建有这种磁悬浮列车。

超导研究已经进行了很长时间，其成果已在科研、医疗、交通、通信、军事、电力和能源等领域得到了应用，但这还只是序幕。超导的研究与应用，将在21世纪为人们展现更加绚丽辉煌的前景。

其他粒子的中子

原子是由带正电荷的原子核和围绕原子核运转的带负电荷的电子构成的。原子的质量几乎全部集中在原子核上。起初，人们认为原子核的质量应该等于它含有的带正电荷的质子数。可是，一些科学家在研究中发现，原子核的正电荷数与它的质量居然不相等！也就是说，原子核除去含有带正电荷的质子外，还应该含有其他的粒子。那么，"其他的粒子"是什么呢？

解决这一物理难题、发现那种"其他的粒子"是"中子"的，就是著名的英国物理学家詹姆斯·查德威克。

1891年，查德威克出生在英国柴郡，中学时代并未显现出过人天赋。进入大学的查德威克，由于扎实的基础知识而在物理研究方面崭露超群才华。他被著名科学家卢瑟福认可，毕业后留在曼彻斯特大学物理实验室，在卢瑟福指导下从事放射性研究。2年后，由于他的"α射线穿过金属箔时发生偏离"的实验成功，荣获英国国家奖学金。

早在1920年，查德威克的恩师、著名的原子核研究的先驱者卢瑟福博士曾经预言，从计算上看，原子核中一定存在不带电的中性粒子。

作为学生，查德威克接受了老师的这一思想，因此他也和许多研究人员一样，努力试图发现中子这个粒子。但是，中子不带电，与其他粒子没有相互作用，所以很难发现。

就在查德威克发现中子的5年前，科学家玻特和贝克用α粒子轰击铍时，发现有一种穿透力很强的射线，他们以为是γ射线，未加理会。韦伯斯特甚至对这种辐射做过仔细鉴定，看到了它的中性性质，但对这种现象难于解释，因而未再继续深入研究。居里夫人的女儿艾伦娜·居里和她的丈夫也曾在"铍射线"的边缘徘徊，最终还是与中子失之交臂。

1931年，约里奥·居里夫妇——居里夫人的女儿和女婿，公布了他们关于石蜡在"铍射线"照射下产生大量质子的新发现。报告说："当铍射线遇到石蜡时，射线被石蜡挡住，同时还从中打击出了质子。"

查德威克当时就判断，铍射线就是他苦苦寻求的中子。为什么这样判断呢？在铍射线撞上去的一瞬间，铍射线停住了，而本来静止不动的质子却飞了起来，因此，铍射线的质量应该和质子的质量是相同的。然而和质子比较，铍射线的穿透力要大得多。对这一现象只有一种解释说得通：铍射线不带电。因为在穿透物质过程中，铍射线没有受到任何电的引力或排斥力的影响，所以穿透力格外强。

查德威克立刻着手研究约里奥·居里夫妇做过的实验，用云室测定这种粒子的质量，结果发现，这种粒子的质量和质子一样，而且不带电荷。他称这种粒子为"中子"。

中子就这样被他发现了。查德威克解决了理论物理学家在原子研究中遇到的难题，完成了原子物理研究上的一项突破性进展。后来，意大利物理学家费米用中子作"炮弹"轰击铀原子核，发现了核裂变和裂变中的链式反应，开创了人类利用原子能的新时代。查德威克因发现中子的杰出贡献，获得1935年诺贝尔物理学奖。

小粒子引发的核裂变

如今，星罗棋布的核电站在世界不断的出现，核能为我们提供了大量的清洁的能源，但我们也不会忘记，第二次世界大战时，在日本广岛和长崎的投掷的原子弹。这就是核裂变赐给人们的双刃剑。

核裂变又称核分裂，是一个原子核分裂成几个原子核的变化，是由重的原子，主要是铀或钚，分裂成较轻的原子的一种核反应形式。只有一些质量非常大的原子核，像铀、钍等，才能发生核裂变。这些原子的原子核在吸收一个中子以后会分裂成2个或更多个质量较小的原子核，同时放出2个到3个中子和很大的能量，又能使别的原子核接着发生核裂变……使过程持续进行下去，这种过程称为链式反应。

原子核在发生核裂变时，释放出巨大的能量称为原子核能，俗称原子能。1克铀235完全发生核裂变后放出的能量相当于燃烧2.5吨煤所产生的能量。比原子弹威力更大的核武器是氢弹，就是利用核聚变制成的。核聚变的过程与核裂变相反，是几个原子核聚合成1个原子核的过程。只有较轻的原子核才能发生核聚变，比如氢的同位素氘、氚等。核聚变也会放出巨大的能量，而且比核裂变放出的能量更大。太阳内部连续进行着氢聚变成氦的过程，它的光和热就是由核聚变产生的。

这一核反应形式，是德国的科学家奥多·哈恩及他的助手奥地利—瑞典的女原子物理学家莉泽·迈特纳在1938年发现的。

莉泽·迈特纳和奥多·哈恩同为德国柏林威廉皇帝研究所的研究员。作为放射性元素研究的一部分，迈特纳和哈恩曾经用游离质子轰击铀原子，一些质子会撞击到铀原子核，并粘在上面，从而产生比铀重的元素。这一点看起来显而易见，却一直没能成功。最后，哈恩想到了一个办法，用非放射性的钡作标记，不断地探测和测量放射性的镭的存在。如果铀衰变为镭，钡就会探测到。他们先进行前期实验，确定在铀存在的条件下钡对放射性镭的反应，还重新测量了镭的确切衰变速度和衰变模式，这花了他们3个月的时间。

1周后，迈特纳穿着雪鞋在初冬的雪地里散步，这时一个画面从她心中一闪而过：原子将自身撕裂开来。她几乎从想象中就能感到原子核的跳动。她立即认识到已经找到了答案，质子的增加使铀原子核变得很不稳定，从而发生分裂。他们又做了一个实验，证明当游离的质子轰击放射性铀时，每个铀原子都分裂成了两部分，生成了钡和氪，这个过程还释放出巨大的能量。

于是，莉泽·迈特纳跟弗里施一起对这一实验结果做出了理论解释，并以来信的形式发表在1939年元月出版的《自然》杂志上。在这篇著名文章里，莉泽·迈特纳跟弗里施一起提出了一个物理学上的新概念：一类新的核反应——裂变。

4年之后，1942年12月2日下午2时20分，恩里克·费米扳动开关，几百个吸收中子的镉控制棒冲出石墨块和数吨氧化铀小球垒成的反应堆。费米在芝加哥大学斯塔格足球场的西看台下的地下网球场内堆放了4.2万个石墨块。这是世界上第1个核反应堆——核裂变发现的产物。1945年，原子弹的发明是核裂变发现后的第2次应用。

此后，人们除了将核裂变用于制造原子弹外，更努力研究利用核裂变产生的巨大能量为人类造福，让核裂变始终在人们的控制下进行。

最具魅力的数学定理

　　这个被毕达哥拉斯首先证明了的定理，在2500年以前轰动了古希腊，以后又是震惊了世界。这一定理被西方数学界称为毕达哥拉斯定理，且被数学家欧几里记录在他的数学巨著《几何原本》中。

　　毕达哥拉斯（约公元前580—前500），古希腊的哲学家和数学家，出身贵族家庭，早年离开自己的家庭，到处拜师求学，刻苦钻研数学与哲学。长期的勤奋与努力使毕达哥拉斯成为当时希腊最有学问的学者之一。他在数学、物理、音乐、天文、哲学等许多领域都做出了杰出的贡献，发现并证明了黄金分割、毕达哥拉斯定理，首创地圆说，创建了政治、宗教、数学合一的学术团体，被后人称为毕达哥拉斯学派。

　　关于毕达哥拉斯定理有一则故事。在古希腊的克劳冬城，毕达哥拉斯组成了一个讲坛，因他知识渊博，跟随他的学生很多，讲坛随之名震四方。一天，一些反对毕达哥拉斯的狂徒，在城中的闹市区指名攻击毕达哥拉斯，气愤的学生们要求老师"应战"。毕达哥拉斯严肃地对学生说："知识是带给人们真理和善良，而不是争斗与仇恨。诚意的研究能使我们到达真理的彼岸，任性的偏见只能将人们驱向谬误的深渊。"

　　这天，毕达哥拉斯的学生布拉斯在闹市区遇见了反对者，并背着毕达哥拉斯接受了他们的挑战。双方决定，在15日内解出对方给出的10道数学题决定胜负。

　　布拉斯经过了5天的努力，解答了9道题，但对最后的一道难题却束手无策。10天后，事情传到毕达哥拉斯那里，他先是很气愤，但又无法回避。第二天清晨，毕达哥拉斯到外边散步，不自觉走到一位友人家门口。于是，毕达哥拉斯在屋内的客厅里，一面听着友人的谈论，一面凝视着地面。渐渐地，友人的声音模糊了，而客厅地面上的图案却吸引了他的整个心神。友人感到奇怪，凑过去一看，客厅的地面是用正方形的石块一块块地铺成的，而在毕达哥拉斯的脚旁，有6块石块不知是谁用炭笔划上了对角线。友人叫人来把地擦干净。毕达哥拉斯说："不要擦！不要擦！"只见他凝视了一会，发现了中间的一个直角三角形，它斜边上有一个正方形，它的两条直角边上各有一个正方形，从图中看，斜边上的正方形的面积，正好等于两条直角边上两个正方形的面积和。他若有所思地点点了头，口里还念叨着："对，就是这样。"偶然间，毕达哥拉斯找到了这道数学题的答案。

第15天，人们聚集到克劳东中心广场，地方长官主持集会。当布拉斯沉着地将问题一个个解答并公布了震惊古希腊的毕达哥拉斯定理后，地方长官威严地说："对真理与和平的使者，我们克劳东人是欢迎的，但是谁想愚弄、污辱我们，将受到神的无情惩罚！"

克劳东的公民热烈地拥向毕达哥拉斯的家，学生们抬来了一口口大锅，生起了一堆堆篝火，扛来了一桶桶甜酒，屠宰了100头牛，招待所有的朋友与客人。后来，有人将毕达哥拉斯定理称为"百牛定理"。

我国是一个文明古国，先民对直角三角形早就进行了研究，将直角三角形的两直角边称为"勾"与"股"，斜边称为"弦"，而直角三角形则称为"勾股形"。大约在公元前12世纪，我国的一位数学家商高就总结过"勾三股四终结五"。因此，也有不少数学家将勾股定理称为"商高定理"，这比毕达哥拉斯定理的发现早了500多年。

无穷无尽的圆周率

圆周率是一个非常重要的常数，最早是在解决有关圆的计算问题时提出的。长久以来，人们只能求出它几位或几十位的近似值，从而使古今中外一代一代的数学家为此献出了智慧和劳动。

人类对 π 的认识过程，反映了数学和计算技术发展的进程，在一定程度上反映某了个地区或时代的数学水平。德国数学史家康托说："历史上一个国家所算得的圆周率的准确程度，可以作为衡量这个国家当时数学发展水平的指标。"

在古代，长期使用 π ＝3 这个数值。最早见于文字记载的是基督教《圣经》中的章节，描述的事大约发生在公元前950年前后。巴比伦、印度、中国等也长期使用"3"这个粗略而简单实用的数值。早期的人们还使用了其他的粗糙方法，如古埃及、古希腊人曾用谷粒摆在圆形上，以数粒数与方形对比的方法取得数值，或用圆形和方形的对比取值等。因此，凭直观推测或实物度量来计算 π 值是相当粗略的。

真正使圆周率的计算建立在科学基础之上的，应首先归功于阿基米德。他是科学研究这一常数的第一人，是他率先提出了一种能够借助数学演算而不是通过测量就能够提高 π 值精确度的方法。阿基米德计算圆周率的方法，体现在一篇《圆的测定》的论文中。在书中，阿基米德首次用上、下界来确定 π 的近似值，并用几何方法证明了"圆周长与圆直径之比小于 3+(1/7) 而大于 3 + (10/71)"，同时提供了误差的估算。重要的是，这种方法从理论上而言，能够求得更加精确的圆周率。公元150年左右，希腊天文学家托勒密得出 π ＝3.1416，取得了自阿基米德以来的巨大进步。

在我国，较为精确的圆周率首先是由数学家刘徽得出的。公元263年前后，刘徽提出著名的割圆术，得出 π ＝3.14（通常称为"徽率"），并指出这是不足近似值。虽然他提出割圆术的时间比阿基米德晚一些，却有着更为精妙的算法，即割圆术仅用内接正多边形就确定出圆周率的上、下界，比阿基米德既用内接同时又用外切正多边形的方法简捷得多。

大家更加熟悉的是祖冲之所做的贡献。在《隋书·律历志》有如下记载："宋末，南徐州从事祖冲之更开密法。以圆径一亿为丈，圆周盈数三丈一尺四寸一分五厘九毫二秒七忽，数三丈一尺四寸一分五厘九毫二秒六忽，正数在盈朒二限之间。密率，圆径一百一十三，圆周三百五十五。约率，圆径七，周二十二。"这一记录指出祖冲之关于圆周率的两大贡献：其一，求得圆周率3.1415926 <π <3.1415927；其二，得到 π 的两个近似分数，约率为22／7，密率为355／113。

16世纪，欧洲莱顿地区的声道尔夫将π计算到小数点后35位，并且在遗嘱上写明，要后人把这个π值刻在他的墓碑上，这就是著名的"π墓志铭"，墓碑上刻下的值是：

3.14159265358579323846264338327950288

随着现代科学技术的发展，借助计算机求π值就容易得多了，1949年是2035位，1958年超过了1万位，以后甚至达到了亿位、十亿位。

从古至今，不断有人要想打破计算π值的纪录，这种做法并无多大实际意义。原苏联数学家格拉维夫斯基认为，π值即使算到100位也完全没有必要。法国天文学家阿拉哥也曾说过"无休止地追求π的精确值，没有丝毫意义"。

影响至今的欧氏几何

欧氏几何是欧几里德几何学的简称，创始人是公元前3世纪的古希腊数学家欧几里德。在他以前，古希腊人已经积累了大量的几何知识，并开始用逻辑推理的方法去证明几何命题的结论。欧几里德这位伟大的几何建筑师在前人准备的基础上，天才般地按照逻辑系统把几何命题整理起来，建成了一座巍峨的几何大厦，完成了数学史上的光辉著作《几何原本》。

这本书的问世，标志着欧氏几何学的建立。这部科学著作是发行最广且使用时间最长的书，后又被译成多种文字，多达2000多种版本。它的问世，是数学发展史上极具深远意义的大事，也是人类文明史上的里程碑。2000多年来，这部著作在几何教学中一直占据着统治地位，至今没有被动摇。

欧几里德将早期许多没有联系和未予严谨证明的定理加以整理，写下《几何原本》，使几何学变成为一座建立在逻辑推理基础上的不朽丰碑。这部著作共13卷，465个命题，其中有8卷讲述几何学，包含了现在中学所学的平面几何和立体几何的内容。

《几何原本》的意义却绝不限于内容的重要，或者对定理出色的证明，真正重要的是欧几里德在书中创造的一种被称为公理化的方法。在证明几何命题时，每一个命题总是从再前一个命题推导出来的，而前一个命题又是从再前一个命题推导出来的。我们不能这样无限地推导下去，应有一些命题作为起点。这些作为论证起点、具有自明性并被公认下来的命题称为公理，如"两点确定一条直线"即是。

在一个数学理论系统中，我们尽可能少地选取原始概念和不加证明的若干公理，以此为出发点，利用纯逻辑推理的方法，把该系统建立成一个演绎系统，这样的方法就是公理化方法。欧几里德采用的正是这种方法。他先摆出公理、公设、定义，然后有条不紊地由简单到复杂地证明一系列命题。他以公理、公设、定义为要素，作为已知，先证明了第一个命题，然后又以此为基础，来证明第二个命题，如此下去，证明了大量的命题。其论证之精彩，逻辑之周密，结构之严谨，令人叹为观止。零散的数学理论被他成功地编织为一个从基本假定到最复杂结论的系统。因而，在数学发展史上，欧几里德被认为是成功而系统地应用公理化方法的第一人，他的工作被公认为是最早用公理法建立起演绎的数学体系的典范。正是从这层意义上，欧几里德的《几何原本》对数学的发展起到了巨大而深远的影响，在数学发展史上树立了一座不朽的丰碑。

作为完成公理化结构的最早典范，用现代标准来衡量，《几何原本》在逻辑的严谨性上还存在着不少缺点。比如，一个公理系统都有若干原始概念或称不定义概念(点、线、面就属于这一类)。欧几里德对这些都作了定义，但定义本身含混不清。另外，其公理系统也不完备，许多证明不得不借助于直观来完成。此外，个别公理不是独立的，即可以由其他公理推出。这些缺陷直到1899年德国数学家希尔伯特的《几何基础》出版时才得到了完善。

由于欧式几何具有鲜明的直观性及与严密的逻辑演绎方法相结合的特点，在长期的实践中表明，它已成为培养、提高青少年逻辑思维能力的好教材。历史上不知有多少科学家从学习几何中得到益处，从而做出了伟大的贡献。

有理的无理数

我们知道，开方开不尽时所得到的数及 π 和 m 都是无理数。这个无理数，是由古希腊毕达哥拉斯学派的希伯斯于公元前6世纪发现的。

古希腊的伟大数学家毕达哥拉斯，将数学知识运用得很纯熟，但不满足于用来算题解题，于是他试着从数学领域扩展到哲学，用数的观点去解释世界。经过一番刻苦实践，他提出"凡物皆数"的观点，数的元素就是万物的元素，世界是由数组成的，世界上的一切没有不可以用数来表示的，数本身就是世界的秩序。他认为，世界上只存在整数和分数，除此以外，没有别的什么数了。毕达哥拉斯还在自己的周围建立了一个青年兄弟会。

希伯斯是毕达哥拉斯学派的一个成员，他具有超人的天赋，是一位有创见、勇于探索、坚持真理的青年数学家。

在他和毕达哥拉斯及会友们研究勾股定理时，发现了一个问题，那就是如果直角三角形的两条直角边都为1，那么他的斜边长度，就不能归结为整数与整数之比。这个问题惊扰了学派里的数学家们。

是整数，还是分数？毕达哥拉斯和他的学生费了九牛二虎之力，也不知道这个 m 究竟是什么数。但是，他们却坚持世界上就只有整数和分数，除了整数和分数以外还有没有别的数这一观点。但希伯斯却不这样想，他花费了很多时间去钻研，最终希伯斯断言，m 既不是整数也不是分数，是当时人们还没有认识的新数。

从希伯斯的发现中，人们知道了除了整数和分数以外，还存在着一种新数。给这样一个新发现的数起个什么名字呢？当时人们觉得，整数和分数是容易理解的，就把整数和分数合称"有理数"，而希伯斯发现的这种新数不好理解，就取名为"无理数"。

希伯斯的发现，推翻了毕达哥拉斯学派的理论，动摇了这个学派的基础。为了维护学派的威信，他们严密封锁希伯斯的发现，如果有人胆敢泄露出去，就处以极刑。然而真理是封锁不住的，尽管毕达哥拉斯学派规矩严苛，希伯斯的发现还是被许多人知道了。他们追查泄密的人，追查的结果发现，泄密的不是别人，正是希伯斯本人。这还了得，希伯斯竟背叛老师，背叛自己的学派。毕达哥拉斯学派按照规矩，要活埋希伯斯。希伯斯听到风声，在国外流浪了好几年，由于思念家乡，悄悄地返回希腊。在地中海的一条海船上，毕达哥拉斯的忠实门徒发现了希伯斯，他们残忍地将希伯斯扔进地中海。这样，无理数的发现人被谋杀了。

由无理数引发的数学危机一直延续到 19 世纪。1872 年，德国数学家戴德金从连续性的要求出发，用有理数的"分割"来定义无理数，并把实数理论建立在严格的科学基础上，从而结束了无理数被认为"无理"的时代，无理数成为一个有道理的无理数，也结束了持续 2000 多年的数学史上的一次大危机。

希伯斯勇于追求真理的精神令人敬佩，而人类对数学的研究也在不断的深入和拓展。

零和博弈的概率论

　　惠更斯是概率论学科的奠基者之一,《论赌博中的计算》是其第一部概率论著作。该书首次提出数学期望的概念,创立了"惠更斯分析法",第一次把概率论建立在公理、命题和问题上,从而构成一个较完整的理论体系。

　　在纪元之初,民间就流行用抽签来解决彼此间矛盾的方法,这可能是最早的概率应用。随着社会的发展,随机现象愈来愈影响着人类的生活。因此,在不确定性因素的情境中,寻找行为的理性规则,使理性服从机遇的愿望成为数学家研究的课题之一。

　　16世纪,意大利的学者吉罗拉莫·卡尔达诺开始研究掷骰子等赌博中的一些简单问题。17世纪,不少学者已对赌博中的某些复杂问题进行了讨论,并发现了其中的数学原理。其中,法国大数学家帕斯卡和费马就研究过"博弈"问题。17世纪中期,作为研究随机现象的概率论出现,克里斯蒂安·惠更斯的《论赌博中的计算》象征着概率论的诞生。

　　惠更斯有出众的数学才能,可谓是一个解题大师,在22岁时就写出关于计算圆周长、椭圆弧及双曲线的论文,在数学方面的最大贡献,就是以《论赌博中的计算》一文奠基了概率论的基础。

　　1654年,赌徒梅勒向当时的"数学神童"帕斯卡提出了赌场上碰到的几个不解问题。帕斯卡与费马以通信的方式对这些问题进行了较为详尽的讨论,并将其推广到一般情形,这就使概率计算由单纯计数转向更为精确的阶段,但二人在当时都不愿发表研究成果,故有关概率知识没有得到及时传播。1655年后,惠更斯同帕斯卡和费马以通信方式探讨有关概率问题。他在《论赌博中的计算》中明确提出:"尽管在一个纯粹运气的游戏中结果是不确定的,但一个游戏者或赢或输的可能性却可以确定。"惠更斯的这种思想使得"可能性"成为可以度量、可以计算、且具有客观实际意义的概念。信中惠更斯强调了这一新理论的重要性:"我相信,只要仔细研究这个课题,就会发现它不仅与游戏有关,而且蕴含着有趣而深刻的推理原则。"

　　不少学者错误地认为,帕斯卡、费马和惠更斯三人一起讨论了概率问题，而后者仅是将前二者的结果著书立说。从该书的撰写过程来看，惠更斯几乎是独立解决这些概率问题，虽然帕斯卡、费马间接给他提供了一些问题，但均无解答过程。概率史界认为，帕斯卡与费马的通信标志着概率论的诞生。然而，他们的通信直至1679年才完全公布于世，故惠更斯的《论赌博中的计算》标志着概率论的诞生。因此，不少学者宣称惠更斯为概率论的正式创始人。惠更斯的《论赌博中的计算》不仅是第一部概率论著作，而且是第一个把该学科建立在公理、命题和问题上而构成一个较完整的理论体系，并第一次对先前涉及到的概率论知识进行系统化、公式化和一般化。所以，该书为概率论的进一步发展奠定了坚实的基础。

正是社会的发展及需要，才推动了概率论的发展。假如没有社会的需要，概率论恐怕只能在牌桌上显示神通。"概率论产生于赌博"这个观点是错误的，"赌博问题"和"理性思考"是概率论产生的两个必要条件，而后者更重要，如同苹果落地千千万，只有牛顿从中发现了万有引力定律。

居里夫人和镭

在大医院里，医生常用放射疗法治疗恶性肿瘤，这种放射线就来自镭。提起放射性元素镭，我们就会想到发现镭的人——居里夫人。

居里夫人，原名玛丽·斯可罗多夫斯卡，一位杰出的女科学家，1867年11月7日生于波兰。1895年，在巴黎求学时，和法国科学家皮埃尔·居里结婚。

1896年，法国物理学家亨利·贝克勒发现了元素放射线。但是，他只是发现了这种光线的存在，至于它的真面目，还是个谜。这引起了居里夫人极大的兴趣，她立即决定同丈夫皮埃尔研究这个课题。在探索过程中，居里夫人发现，能放射出那些奇怪光线的物质不只有铀，还有钍，因此她把这些光线称为"放射线"。

居里夫人在进一步的研究中发现，可能还有一种物质能够放射光线，这种光线要比铀放射的光线强得多。她认为，这种新的物质，也就是还未被发现的新元素，只是极少量地存在于矿物之中。她把这种新元素命名为"镭"。可是，当时有很多科学家并不相信。他们认为这可能是实验出了错误，还有的人说："如果真有那种元素，请提取出来，让我们瞧瞧！"

为了得到镭，居里夫妇必须从沥青铀矿中分离出镭元素。他们怎样才能得到足够的沥青铀矿呢？事实上，这种矿很稀少，矿中铀的含量也极少，且价格又很昂贵，他们根本担负不起。幸运的是，他们得到了奥地利政府赠送的一吨已经提取过铀的沥青矿残渣。于是，居里夫妇立即开展提取纯镭的实验。

为了能有一个可行的实验室，居里夫妇同巴黎大学交涉，可回答他们的是一番无情的嘲笑。最后，是理化学校同意提供给他们一个长期不用的木棚。木棚的地面是用沥青铺的，玻璃房顶破旧得不避风雨。室内只有两张废弃的桌子，一只炉子和一块皮埃尔用来进行计算的小黑板。居里夫妇就在这样的简陋实验室里开始了伟大的科学试验。

在一间简陋的木棚里，居里夫人要把上千公斤的沥青矿残渣，一锅锅地煮沸，还要用棍子在锅里不停地搅拌，再搬动很大的蒸馏瓶，把滚烫的溶液倒进倒出。就这样，在3年零9个月锲而不舍的工作中，居里夫妇不论严冬或盛夏，不分黑夜和白天，忘我地工作着。由于睡眠太少，体力消耗太大，他们的健康受到损害，皮埃尔全身疼痛，玛丽明显地消瘦了。

1902年，居里夫妇终于从矿渣中提炼出0.1克镭盐，接着又初步测定了镭的原子量。不久，居里夫妇又发现镭有治疗癌症的功效，镭价因此跟着飞涨，一些好友劝居里夫妇申请专利，有了这项专利权，他们转眼将成为百万富翁。但是，皮埃尔却说："不行！我们不应该从发现的新原子赚钱。既然镭是济世救人的仁慈物质，那么它就应该是属于世界。"

1903年，居里夫妇由于发现放射性元素镭而获得了诺贝尔物理学奖。

给元素排队的牌阵

300多年前，科学家们就发现了元素，并对元素下了科学的定义，到19世纪，科学家们已经发现了60多种元素。同时，许多科学家还希望找到这些元素之间的关系，探索元素之间的规律，以揭开元素的诸多谜团。

1869年2月17日，俄国科学家门捷列夫发现了科学家们翘首以待的元素周期律，引起了科学界的轰动，这一伟大的发现是继原子—分子论之后，近代化学史上的又一座光彩夺目的里程碑，它所蕴藏的丰富内涵，对以后整个化学和自然科学的发展都具有普遍的指导意义。

1834年2月7日，门捷列夫出生在俄国西伯利亚的托波尔斯克市。门捷列夫自幼喜好数学、物理、历史等课程，他热爱大自然，收集过不少岩石、花卉和昆虫标本，对科学产生了浓厚的兴趣。1847年，门捷列夫进入彼得堡高等师范学校物理数学系学习。大学期间，他对物理、数学、技术、经济学、哲学、艺术等学科尤为爱好，这拓展了门捷列夫的想象力。

从1862年起，他对283种物质逐个进行分析测定，这使他对许多物质和元素的性质有了更直观的认识。他重新测定一些元素的原子量，因而对元素的基本特征有了深刻的了解。在他进行的元素分类时，他坚信元素原子量是元素的基本特征，并发现性质相似的元素，它们的原子量并不相近。相反，一些性质不同的元素，它们的原子量反而相差较小。他紧紧抓住原子量与元素性质之间的关系作为突破口，反复测试和不断思索。于是，门捷列夫做了许多卡片，把每一种元素的名称、原子量、化合物、和他的主要特征都分别写在了每一张卡片上。这种卡片就是被后人称为的"元素牌阵"。

门捷列夫经常用这些卡片摆牌阵，他一会儿分成3张一排，一会儿分成5张一排，每摆一种形式他都停下来思考一阵，看看这种排列是否有什么规律。1869年2月的一天，他又摆起了牌阵，突然，眼前的一张张地卡片按着一定的规律排列着，在每一行的中间，元素的性质按着原子量的逐渐增大而减弱。他跳了起来，大脑里显现出元素的排列规律：元素随着原子量的变化而周期性的变化，元素的性质每隔7个元素就周期的重复一次。他还根据这个规律推测出当时还没有发现的，被他称为"埃卡硼"、"埃卡铝"、"埃卡硅"等几种元素及其特性。

门捷列夫的发现具有十分重大的意义，但还没有引起当时科学界的注意，直到1875年，新元素镓的发现（化学性质很像铝，门捷列夫根据元素周期律准确地推断出镓的原子量和比重，这就是几年前他预言的埃卡铝），才引起了全世界的震惊。

随着周期律被承认，门捷列夫成为闻名于世的卓越化学家。各国的科学院、学会、大学纷纷授予他荣誉称号、名誉学位以及金质奖章。具有讽刺意义的是，在封建王朝的俄国，科学院在推选院士时，竟以门捷列夫性格高傲为由，把他排斥在外。后来，门捷列夫不断被选为各国的名誉会员，彼得堡科学院才被迫推选他为院士，但门捷列夫拒绝加入科学院，从而出现俄国最伟大的化学家反倒不是俄国科学院成员的怪事。

20世纪以来，随着科学技术的发展，人们对于原子的结构有了更深刻的认识。人们发现，引起元素性质周期性变化的本质原因不是相对原子质量的递增，而是核电荷数（原子序数）的递增，也就是核外电子排布的周期性变化。后来，科学家又对元素周期表作了许多改进，如增加了0族等，把元素周期表修正为现在的形式。

拉开近代化学的序幕

18世纪，由于工业革命的迅猛发展，特别是钢铁工业的迅速发展，当时的冶金业出现了许多与燃烧有关的问题，例如：炼钢为什么要鼓风？风速应多大？量为多少？温度多高？这一系列疑问亟需建立一种正确的燃烧理论来指导生产，可统治100多年的燃素说仍然左右着人们。为此，一批优秀的化学家对原来的"燃素说"产生了质疑，由法国化学家拉瓦锡所做的实验研究引起了一场近代化学的革命。

拉瓦锡出生于巴黎的律师家庭，自幼对天文、数学、植物、矿物、化学等自然科学深感兴趣。大学毕业后，他决心投入科学研究工作。

1772年，拉瓦锡当选为科学院院士，他这时主要思考的问题是燃烧的本质。为了研究这个问题，拉瓦锡常和其他化学家开展热烈的讨论。在一个寒冷的晚上，他与实验室的同事马凯尔和卡德一起研究在高温下灼烧金刚石的实验。按一般情况，物质燃烧后总有一点灰渣，可是金刚石灼烧后却没有任何灰渣，消失得无影无踪。为什么会出现这样奇异的现象呢？他们讨论认为，因为加热是在空气中进行的，空气不会产生影响。如果在隔绝空气的情况下灼烧金刚石，又会产生什么现象呢？第二天，拉瓦锡带来了几块金刚石，涂上一层厚厚的石墨稠膏用来隔绝空气。然后把小黑球加热烧到通红，而且发出了光。待小黑球冷却几小时后，剥掉涂料，金刚石仍然是完整的。拉瓦锡推测：金刚石消失的神秘现象竟然与空气有关。也许它们是跟空气结合在一起的。对拉瓦锡来说，这一发现是不寻常的。

拉瓦锡立刻着手研究磷和硫的燃烧，成功地收集了磷燃烧冒出的全部白烟，并称量出它比原来的磷重。拉瓦锡判断，磷与空气化合了，但它们是怎样化合的呢？于是，他设计了这样的实验：在密闭的器皿里燃烧磷，并称出有关各物质的重量；把装有磷的小盘子放在水面的软木座上，用烧红的金属丝点燃磷，迅速用玻璃把它罩上，白色浓烟充装了玻璃罩，然后就熄灭了，水在罩内开始上升，过一会儿，水位就停止上升了。拉瓦锡认为，可能用的磷少了，不能跟罩内的空气全部化合。于是他用更多的磷作了十几次实验，水位上升的高度都相同。他想，磷仅仅与1/5的空气化合，难道空气是复杂的混合物吗？拉瓦锡研究硫的燃烧，硫也只能同1/5的空气化合。

1774年，拉瓦锡做了著名的金属锻炼实验，他将锡和铅分别密封在曲颈瓶中，在加热前后都精确地称量，发现瓶子和锻灰的总重量并未改变。当他把瓶子打开后，发现有空气冲进瓶内，这时的瓶子和锻灰的总重量增加了。空气进入瓶内增加的重量与金属变成锻灰增加的重量正好相等。拉瓦锡根据实验，对燃素学说产生了怀疑，并指出金属锻灰的增重与燃素无关，而是由金属与空气化合的缘故。

后来，他做了大量的燃烧实验都说明燃素是不存在的。1777年，他接受其他化学家的解释，确认空气是两种气体的混合物。一种是能助燃的、有助于呼吸的氧气，另一种是不助燃的、无助于生命的氮气。这个以氧为中心的理论简明地把燃素学说所不能解决的问题解决了，把燃素学说也纠正了，使人们能够按照燃烧的本来面目掌握燃烧的规律。

1789年，拉瓦锡的名著《化学纲要》出版了，该书以大量的实验事实为根据，系统、全面地批判了燃素学说，客观地阐明了燃烧的氧化学说。著名化学家武兹和贝特罗都把它称为一场全面的化学革命。

来自大自然的碘

18世纪末—19世纪初，拿破仑发动战争需要大量硝酸钾制造火药。当时，法国的制造硝石的商人、药剂师库尔图瓦，利用海草或海藻灰的溶液，把天然的硝酸钠或其他硝酸盐转变成硝酸钾的方法生产硝酸钾。

1811年，他发现盛装海草灰溶液的铜制容器很快就腐蚀，认为是海草灰溶液含有一种不明物质在与铜作用，于是他进行了实验研究。

他将硫酸倒进海草灰溶液中，发现一股美丽的紫色气体。这种气体在冷凝后不形成液体，却变成暗黑色带有金属光泽的结晶体。这时库尔图瓦想，这一定是一种新的物质，但是他是什么物质呢？于是他就把这种不明的物质，交给化学家克莱曼和德索尔母进行研究，但这位化学家没有发表任何意见，就把这种新物质交给了英国化学家戴维。

盖·吕萨克得知这个消息后，非常着急，对克莱曼说："你们太轻率了，法国人可以研究出这种新物质，可你们却把它交给了一个英国人。"盖·吕萨克决心要和戴维比赛一下，他从库特瓦那里取回了一点儿那种新物质，开始了夜以继日的研究。

几天后，盖·吕萨克成功地得到了这种纯净的元素。一些小小的鳞片般的东西，像金属一样闪闪发亮，加热时它们很快便蒸发，沉甸甸的深紫色的蒸气充满了烧瓶。

"我们把这种元素叫做碘吧。"盖·吕萨克自豪地看着这些紫色的精灵，碘的意思是紫罗兰，来自希腊文紫色一词。由此得到碘的拉丁名称和元素符号I。

1813年，库尔图瓦在《海草灰中新物质的发现》中公布了他的发现。碘单质是紫黑色，有光泽的固体。加热时，碘升华为漂亮的紫色蒸气，这种蒸气有刺激性气味。碘可以和大多数元素形成化合物，但是它不如其他卤素（F，Cl，Br）活泼，位于碘之前的卤素可以从碘化物中将碘置换出来。碘具有类似金属的特性。碘易溶解在氯仿、四氯化碳、二硫化碳等有机溶剂，并形成美丽的紫色溶液，但微溶于水【如果水中含碘离子会使其溶解度增大：$(I-) + (I2) = (I3-)$】。碘的化合物在有机化学中十分重要，在医药和照相方面的用途也很广泛。缺乏碘会导致甲状腺肿大。碘单质遇到淀粉会显深蓝色，这是碘的特征之一。和同族卤素气体一样，碘蒸汽有毒，所以取用碘的时候应尽量在通风橱中操作。

几乎一切东西都含有碘，不论坚硬的土块还是岩石，甚至最纯净的透明的水晶，都含有相当多的碘原子。海水里含大量的碘，土壤和流水里的含量也不少，动植物和人体的里含量更多。

碘是人体的必需的微量元素之一，在人体内有促进生物氧化、调节蛋白质合成和分解、促进糖和脂肪代谢、调节水盐代谢、促进维生素的吸收利用、增强酶的活力、促进生长发育等生力作用。

如果人体内缺乏碘，就会患碘缺乏症，影响人的健康，因此，我国规定，在每克食盐中添加碘20微克，全民可通过食用加碘盐这一简单、安全、有效、经济的补碘措施，来预防碘缺乏病。

新元素硼的分分合合

1807年，英国化学家戴维用电流成功地分解了氢氧化钾和氢氧化钠，制成了两种新的金属。它们像蜡一样柔软，并能漂浮在水面，与水发生激烈反应，冒出火焰。

法国科学院为此授予戴维一枚勋章，同时也给本国的科学家提出课题：提炼出这两种金属。任务最终交给了盖·吕萨克和另一位年轻科学家泰纳。

盖·吕萨克和泰纳在工业学校下面腾出两大间房，制作了大功率的电池组，一切就绪，二人开始工作了。泰纳从炉子上拿下坩埚，熔化的苛性钾在坩埚里闪闪发光，泰纳小心地把溶液倒入安有电极的容器里，盖·吕萨克点着灯，然后接上电源，电极周围立刻出现很多小的气泡。这表明反应开始了。

"我觉得，分离钾进行得很慢。"泰纳一面观察着反应过程，一面说道。

"需要算出来一个小时能析出多少钾，然后算出生产率是多少。"盖·吕萨克答道。

"数量不会大的。"

"这种方法看来不行。这样制的钾会比金子还要贵一倍！"

"应该找到一个简便可行的方法。"

"是不是改用化学常用的盐类？"盖·吕萨克若有所思。

于是，他们改用了另一种方法，把带铁屑的苛性钾和苛性钠放进封闭容器里加热，这种方法比以前好多了，可以制备出大量的金属钾和金属钠。但是，这个方法很危险，有几次发生了猛烈爆炸，这两位科学家差点因此丧命。

虽然如此，两位年轻的科学家并未停止工作，他们陆续制备了大量的钾和钠，可以随便用来进行各项实验了。

"钾是化学反应能力特别强的元素，它能从化合物中置换出许多元素，能不能利用钾提取硼酸中所含有的元素呢？"盖·吕萨克对泰纳说。

"这个建议很高明。"泰纳高兴地说道，"如果把硼酸加热必定得到氧化物。但是，目前谁也不能把含在氧化物里的那个元素提取出来。"

他们决定试一试，把硼酸加热，得到了硼酸的晶体，把晶体研碎之后，放入瓷坩埚中，再从矿物油(钾必须贮存在矿物油中)中取出一块钾，仔细撩净，然后用刀子切成极小的块，放入瓷坩埚中。把盖子盖紧，开始加热。激烈的反应开始了，淡黄绿色的火苗呼呼地从坩埚和坩埚盖之间的缝隙中冒出来，几分钟后，坩埚和坩埚盖被烧得通红。

反应结束后，盖·吕萨克小心地揭下坩埚盖，坩埚里满是深褐色的粉末。他们开始对这种粉末进行分析。19世纪初，硼酸的化学成分还是一个谜。1808年6月，经过5个月的深入研究后，他们肯定了这是一种新的单质，取名为硼，还提出了发现新元素的专利申请。同年11月30日，他们在《理化年报》上撰文，自豪地宣称："硼酸的组成如何，现在已不成问题了。实际上，我们已经能够把硼酸随意地进行分解或重新合成了。"

现代信息论的创始

当今世界已步入信息化时代，或者说我们的社会已经是一个信息化社会。如今是手机、互联网、电视等传递信息的工具随处可见，信息的高速传递也改变着人们的生活方式，推动着社会向前发展。

人们对于信息的认识和利用，可以追溯到古代的通讯实践。自古以来，人类就不断的接受来自自然和社会方方面面的信息，中国古代的"烽燧相望"和古罗马地中海诸城市的"悬灯为号"，可以说是传递信息的原始方式。

随着科学技术的进步，人类对物质、能量都有了比较科学的认识，并取得了相应的理论和技术成果。比如，人类很早就知道用"秤"或者"天平"，计量物质质量的多少。然而，我们关于热、燃料、能力、活力等计量的问题，直到工业革命后的19世纪中期，随着热功当量的明确和能量守恒定律的确立才逐渐清楚起来。"能量"一词就是它们的总称，而计量能量问题也通过"卡、焦耳"等新单位的出现来得到解决。

同时，我们关于图画、文字、数字、声音等方面的知识也有几千年了。但是，它们的总称是什么？如何统一计量它们的数量，直至19世纪末还没有正确提出来，更谈不上如何解决了。

20世纪中期，随着电报、照片，无线电、电话、雷达、电视等新事物的出现和发展，计量讯号中信息多少的问题也被提到日程上。20世纪20年代，由于社会生产的发展，人们对传递信息的要求急剧增加，可信息的理论和技术却相对的发展较慢。如何提高传递信息的能力和可靠性，已经成为当时普遍重视的研究课题。于是，有些国家的科学家在这种形势下，努力探索关于信息方面的问题，并在这方面做出了重要贡献。其中，特别值得一提的是美国数学家申农。1948年，申农的著作《关于通讯的数学理论》一书出版，使信息论产生了巨大影响，并被认为是新兴科学的诞生。申农第一次从理论上阐明了通讯的基本问题，提出通讯系统的数学模型，并找到了度量概率信息的公式，为概率信息的定量研究提供了理论根据。这门科学所揭示的规律具有高度的普遍性，因而超出了通讯技术的范围，并被迅速应用于生物学、生理学、心理学、语言学和经济学等不同的领域，取得了丰硕成果。

20世纪70年代以来，随着数学计算机的广泛应用和社会信息化的迅速发展，信息论正在逐渐突破申农狭义信息论的范围，发展成为一门不仅研究语法信息，而且研究语义信息和语用信息的科学。这门科学尽管现在还很不完善，但是可以肯定，在社会实践的推动下，经过各式各样的发展，必将以日益完善的方式把握信息现象和信息过程的本质特性。

让人类了解自己的解剖学

在人类的文明进程中，为了保护生命，人们和疾病进行着不懈的斗争。

古代埃及人将尸体制成木乃伊，并在积累了一定的解剖学知识，但那时他们对人体十分迷信，并作了神秘的解释。由于宗教的原因，亚历山大里亚时期的希腊人改用动物的尸体解剖来代替人体解剖。

公元2世纪，古罗马时期的医学家盖伦，虽然推出了第一部比较完整的解剖学著作《医经》，可他只是把从动物解剖知识直接应用到人体，因此有许多错误。比如，他认为人的肝脏像狗的一样有五叶，肝是静脉的发源地，心脏的中膈上有许多看不见的小孔，血液可以自由通过等等。由于中世纪的教会严禁解剖尸体，致使人们无法纠正这些错误。

17世纪，出现了一位伟大的科学家，他就是法国人维萨里，他是与哥白尼齐名的两大科学革命代表人物之一，是著名的医生和解剖学家，近代人体解剖学的创始人。

1514年12月31日，维萨里出生在布鲁塞尔的一个医学世家。少年时代，维萨里就喜欢读医学方面的书并立志当一名医生的。青年时代，读法国巴黎大学。当时的医学教育还没有完全摆脱中世纪的精神桎梏，盖伦的著作仍被奉为经典。在大学的讲堂上，教授们还是因循守旧、津津有味地讲述着盖伦的"解剖学"教材。年轻的维萨里经常一针见血地指出盖伦解剖学中的错误和教学过程中的弊病，他说："我在这里并不是无端挑剔盖伦的缺点。相反，我肯定了盖伦是一位伟大的解剖学家，他解剖过很多动物。限于条件，就是没有解剖过人体，以致造成很多错误，在解剖学课程中，我能指出200处错误。"

为了揭开人体构造的奥秘，维萨里常与几个比较要好的同学在严寒的冬夜悄悄地溜出校门，来到郊外无主坟地收集残骨，或在盛夏的夜晚偷偷地来到绞刑架下专心地挑选有用的材料。回来后，又在微弱的烛光下偷偷地彻夜观察研究，直到弄明白为止。维萨里就是凭借这种求真精神和超人毅力，长期坚持钻研，终于掌握了人体解剖技术和珍贵可靠的第一手材料。

维萨里的这种唯物主义的治学方法触犯了传统观念，引起守旧派的仇恨和攻击。学校不但不批准他考取学位，而且还将他开除了学籍。后来，他有机会在威尼斯共和国帕都瓦大学任教，并于1537年12月6日获得博士学位。在任教期间，维萨里继续利用讲课的机会进行尸体解剖，并进行活体解剖教学，吸引了大批的学生。在那里，他充分利用学校的有利条件，继续进行解剖学研究。

业余时间，维萨里开始写作计划已久的一部人体解剖学专著。经过5的努力，1543年，年仅28岁的维萨里终于完成了按人体、肌腱、神经等几大系统论述的巨著《人体机构》。在这部伟大的著作中，维萨里冲破了以盖仑为代表的旧权威们臆测的解剖学理论，以大量、丰富的解剖实践资料，对人体的结构进行了精确描述。同时，这部著作的出版，澄清了盖仑学派主观臆测的种种错误，从而使解剖学步入了正轨。可以说，《人体机构》是科学的解剖学建立的重要标志。《人体的构造》一书的出版，意味着近代人体解剖学的诞生，它的意义如同哥白尼的《天体运行论》开创天文学新纪元一样，是生物学发展史上的一个里程碑。

生理学的里程碑

人体血液是怎样流通的？几千年来，人们一直在不断地探索。古希腊学者希波克拉底认为，脉搏是血管运动引起的，而且血管连通心脏。亚里士多德认为，心脏是体内最重要的器官，是智慧的所在地，并给血液以热量。古罗马医生盖仑（130—200）在解剖活体动物时，将一段动脉的上下两端结扎，然后剖开这段动脉，发现其中充满了血液，从而纠正了上述错误看法。盖仑创立了一种血液运动理论，认为食物营养由肠送到肝脏后，在那里变成静脉血，经过静脉送到心脏右侧，再从心脏中隔的小孔流到左侧，碰到经肺部进来的新鲜空气，再经过由上帝赐给的热的作用，变成了充满"生命灵气"的动脉血，然后从动脉送到全身。盖仑的学说正好符合宗教的需要，因而被纳入基督教的教义，成为学术界和医生的"圣经"。至此，关于血液流动的探索停止了1000多年。

16世纪中期，比利时医生、解剖学家维萨里（1514—1564）在解剖实验中发现心脏的中隔很厚，没有可见的孔道，由此证明了盖仑错误的观点。维萨里以大无畏的精神违反当时教会的禁令，向盖仑的理论提出挑战，于1543年出版了《人体的结构》一书。但是，教会迫使他去耶路撒冷朝圣赎罪，结果他不明不白地亡于旅途中。

维萨里在巴黎大学读书时结交的好友西班牙人赛尔维特（1511—1553）继续进行当时被禁止的人体解剖实验。他发现，血液从右心室经肺动脉进入肺，再由肺静脉返回左心室，这一发现被称为肺循环。赛尔维特在发现血液循环的道路上迈出了第一步。1553年，他秘密出版了《基督教的复兴》一书，用6页的篇幅阐述了自己的观点，这触犯了当时被教会奉为权威的盖仑学说。1553年10月27日，年仅42岁的赛尔维特被宗教法庭判处火刑。

1574年，意大利解剖学家法布里修斯（1537—1619）公开出版了《论静脉瓣膜》。在这部书中，他详细描述了静脉内壁上的小瓣膜，它的奇异之处在于永远朝着心脏的方向打开，而向相反的方向关闭。遗憾的是，法布里修斯没有认识到这些瓣膜的意义。血液循环学说的科学建立有待其学生哈维（1578—1657）进一步完善。

1578年4月1日，哈维于生于英国一个农民家庭，曾在意大利帕多瓦大学向法布里修斯学习解剖学。帕多瓦大学素以政策开明、学术自由著称。维萨里开创的亲自动手做解剖实验的方法，吸引了一大批热情好学的青年。哈维求学期间认识到，无论是教解剖学或是学解剖学，都应以实验为依据，而不应以教条为依据。一次，哈维的朋友被匕首割断了动脉，血液从动脉喷出来，与血液从静脉中平静地流出完全不同。这促使他重新思考血液循环的问题，并对心血管系统进行了认真的研究。

1628年，哈维发表了《动物心脏及血液运动的解剖学研究》。在这部只有72页的小书中，他系统总结了血液循环运动的规律及其实验依据。其理论简述如下：血液从左心室流出，经过主动脉流经全身各处，然后由腔静脉流入右心室，经肺循环再回到左心室。人体内的血液是循环不息地流动着的，这是心脏搏动所产生的作用。

虽然哈维发现了血液循环，但是在当时的条件下，并不能清楚地了解血液是怎样由动脉流到静脉的。直到显微镜得到进一步改进，意大利的解剖学家马尔比基（1628—1694）才于1661年发现了蛙肺部的毛细血管，进而完善了哈维的血液循环学说。

种豆得豆 种瓜得瓜

种瓜得瓜种豆得豆，这是世人皆知的自然现象，但是人们却在相当长的时间里对这一现象无法理解。

19世纪，遗传学的创始人孟德尔发现了其中的秘密，以后又在一些科学家的努力下发展了这门学科，揭开了生命遗传的许多现象和秘密。

1822年7月22日，孟德尔出生在奥地利西里西亚（现属捷克）海因策道夫村的一个贫寒的农民家庭。孟德尔童年时受到园艺学和农学知识的熏陶，对植物的生长和开花非常感兴趣。因孟德尔勤奋好学，当地教会派他到首都维也纳大学去念书。大学毕业以后，孟德尔就在当地教会办的一所中学教授自然科学。

1856年，孟德尔为了培养优良品种进行了豌豆实验。后来，他把实验的兴趣转移到探索遗传规律方面，这就增加了很大的难度，因而这项实验进行了8年之久。

孟德尔首先从不同种子商那里弄来了34个品种的豌豆，从中挑选出22个品种用于实验。它们都具有某种可以相互区分的稳定性状，例如高茎或矮茎、圆料或皱科、灰色种皮或白色种皮等。孟德尔通过人工培植这些豌豆，对不同代的豌豆性状和数目进行细致入微的观察、计数和分析。他酷爱自己的研究工作，经常向前来参观的客人指着豌豆十分自豪地说："这些都是我的儿女！"

8个寒暑的辛勤劳作，孟德尔发现了生物遗传的基本规律，并得到了相应的数学关系式。人们分别称他的发现为"孟德尔第一定律"和"孟德尔第二定律"，它们揭示了生物遗传奥秘的基本规律。

孟德尔还对其他植物作了大量的类似研究，其中包括玉米、紫罗兰和紫茉莉等，以期证明他发现的遗传规律对大多数植物都是适用的。

孟德尔用心血浇灌的豌豆实验而得到的科学认知，时人不能与之共识，一直被埋没了35年之久！晚年，孟德尔曾经充满信心地对他的好友，布鲁恩高等技术学院大地测量学教授尼耶塞尔说："看吧，我的时代来到了。"这句话成为伟大的预言。直到孟德尔逝世后16年，豌豆实验论文正式出版后34年，进行豌豆试验后43年，预言才变成现实。

今天，通过摩尔根、艾弗里、赫尔希和沃森等数代科学家的研究，已经使生物遗传机制——这个使孟德尔魂牵梦绕的问题——建立在遗传物质DNA的基础之上。随着科学家破译的遗传密码，人们对遗传机制有了更深刻的认识。现在，人们已经开始向控制遗传机制、防治遗传疾病、合成生命等更大的造福于人类的工作方向前进。

输血中发现的血型

哈维发现血液循环前后，人类就开始进行输血的尝试。

1665年的一天，英国科学家查理·罗尔看到一条小狗受伤失血过多，奄奄一息。这时，他尝试着把另一条健康的小狗的血管和受伤的小狗的血管连接起来。过了一会，受伤的小狗竟神奇般地起死回生了。这是人类第一次尝试输血的疗法，是输血技术的萌芽。

1668年，法国医生丹尼斯接待了一位妇女，他要求把一个羔羊的血输给自己患病的丈夫，他的丈夫也同意这么做。丹尼斯不知所措，在这位夫人的再三恳切要求下，被迫无奈地给他的丈夫进行了输血。可他的丈夫在输血过程中因心跳突然加快而死亡，丹尼斯为此获罪入狱。此后，再没有人敢做输血实验了。150年后，英国医生、生理学家姆斯·博龙戴尔，再一次进行了输血疗法实验。

1818年，一位孕妇在生产时突然大出血，博龙戴尔医生大胆决定，给她输入健康男子的血液，结果这个女子和孩子都得救了。博龙戴尔医生因此在当年的伦敦医学年会上做了人与人之间输血成功的报告。可是，在随后一些时间里，许多输血者还是出现了不良反应，甚至因输血而死亡。

1900年，奥地利医学家兰德斯坦纳注意了这一情况，他思索着：会不会是因为供血者的血和受血者的血混合后，产生了病理变化而导致受血者死亡。于是，他开始了研究和实验，发现自体的红细胞和血清在试管内混合后，不会发生变化，也不会发生凝集。接着，兰德斯坦纳又用22个人的血液交叉混合进行实验观察。从不同个体采集来的红细胞和血清在混合以后，在试管中会发生凝集与不凝集两种情况。这种现象虽然很多人都观察到过，但只有兰德斯坦纳做出了解释，红细胞上有两种特异的结构，它们可以单独存在，也可同时存在。

在血清中有这种特异性结构的抗体——凝集素，如果它与红细胞上的特异结构相遇，就会产生凝集反应，如果输血时遇到这种情况，就会发生危险。他把实验结果用列表的方法进行比对，发现表中的血型可以分成A型、B型、O型3种，这是人类第一次发现血型不止一种，而是3种。于是，兰德斯坦纳就成了血型的发现者。接着，他又推断，人的血型是可以遗传的，他的理论为输血奠定了基础。1902年，他的两名学生扩大了实验范围，用155人的血液做了实验，他们发现了血型除了A、B、O型外，还发现了较少的类型，这就是后来命名的AB型。1930年，兰德斯坦纳获得了诺贝尔奖。

第一次世界大战中，德国医学家奥登堡根据兰德斯坦纳的研究成果，第一次将凝集反应应用在输血前的配血试验，并发现只有红细胞和血清混合后不凝集的人之间才能进行输血。此后，随着实验的不断发展，输血的安全性逐渐提高。

1927年，国际会议确定血型有A、B、O、和AB型四种，这一重大宣布铺平了人类输血的安全道路。此后，陆续发现了MN型、Q型、E型、T型、Rh型等数十种血型。

此外，人们还发现，猴子、猩猩、大象、狗等高等动物也存在血型，甚至在乌龟、青蛙身上也可以找到血型的痕迹。

从某种意义上讲，人类的血型不仅与医学、生化学有关，还和人们的思维、性格、气质、行为，甚至和人类社会的政治、经济、文化等社会活动等，都有着密切的联系。因此，对血型的研究，已成为社会科学的一个组成部分。

裸眼看不见的生命

到目前为止，我们知道唯有地球存在生命。在地球上任何一个角落都有生命的印记，哪怕是空中、水中或寒冷的极地，都存在生命。因此，我们的地球是宇宙中最美丽的星体。

那些微小的、用裸眼看不见的生命更是无以计数。人类虽然自远古时期就和微生物在地球上共处，并且不断遭遇微生物的各种疫害袭击，但也受益于许多微生物的恩惠。比如，酒类酿造和面包发酵就是由某些有益微生物所产生的食。但是，在人类的历史长河中，人们却对这些微生物缺乏一定的了解和科学的认识，甚至可以说，我们对它们熟视无睹了几百万年。直到17世纪中期，荷兰的一位布店商，列文虎克，用自制的显微镜，看到从自己的蛀牙中取出的检体，才知晓微生物的存在，这是人类第一次看见微生物的面孔。

列文虎克，显微镜学家，微生物学的开拓者，1632年10月24日生于代尔夫特，幼年没有受过正规教育。1648年，到阿姆斯特丹一家布店当学徒。20岁时回到代尔夫特自营绸布店。中年以后被代尔夫特市长指派做市政事务工作。这种工作收入不少，又很轻松，使他有较充裕的时间从事自幼就喜爱的透镜研磨工作，并用其观察自然界的细微物体。他磨制的透镜远远超过同时代人，他制造的放大透镜以及简易的显微镜形式很多，透镜的原料有玻璃、宝石、钻石等不同材质。他一生磨制了400多个透镜，在他的遗物中有一架简易透镜，放大率竟达270倍。

1674年，他开始用自制的显微镜观察细菌和原生动物，1677年，首次描述了人、昆虫和狗的精子。1684年，他准确地描述了红细胞，证明马尔皮基推测的毛细血管是真实存在的。1702年，他指出，在所有露天积水中都可以找到微生物。为此，他追踪、观察了许多低等动物和昆虫的生活习性，证明它们都自卵孵出，并经历了幼虫等阶段，而不是从沙子、河泥或露水中自然产生的。他的许多发现都发表在《皇家学会哲学学报》上，由他提供的第一幅细菌绘图也与1683年在该学报上刊出。列文虎克是第一个用放大透镜看到细菌和原生动物的人，对18世纪和19世纪初期细菌学和原生动物学研究的发展，起到了奠基作用。

19世纪中期，微生物学创始人，法国的巴斯德，以更科学的实验，进一步证明空气中充斥着可以使得肉汤变浊酸败的微生物，而凭借高温煮沸就可以使这些微小生物失去活性。这个发现改变了人们长久以来认为的生物可以像"肉腐生蛆"一样从没有生命的物质中生出的错误观点，并且第一次显示了微生物的发酵作用。

瘟疫的克星

在人类历史发展的长河中，人类为认知自然界、征服各种"不治之症"，产生了许多真实感人的故事。杰出的科学家罗伯特·科赫就是一位被世人敬仰的德国医生。他一生的努力奠定了医用细菌学的基础，为人类征服结核、炭疽、霍乱、鼠疫等危害极大的传染性疾病作出了不可磨灭的功绩，被人们誉为"瘟疫的克星。"

1843年12月11日，科赫出生于德国汉诺威，兄弟姐妹共13人。科赫从小就爱跟昆虫打交道，经常趴在地上观察它们的活动。1862年，19岁的科赫进入哥丁根大学学医。普法战争期间，他曾担任随军外科医生。战后，科赫定居于布雷斯劳，成为一名乡村医生。他一边给村民看病，一边废寝忘食地研究细菌。

那时，布雷斯劳地区的牛曾受到流行性炭疽病的袭击，为了战胜这种疾病，科赫开始研究炭疽病。经过长期的艰苦工作，1876年，他终于从病牛的脾脏中分离出了致炭疽病的细菌，并把它接种到老鼠身上，使它们相互传染，最后重新分离出相同的杆菌。同时，他发现了可以用在体外用血清培养细菌的方法，且取得成功。因此，他能够全过程地研究炭疽杆菌的活动状况，并说明它在病理上的种种因素和后果。这是人类第一次证明：特定的疾病是由特定的微生物引起的。7年后，他又成功地研制出防止炭疽病的接种法，并在医学界得到普遍推广。

科赫向全世界宣告了消灭这一病菌的方法：所有死于炭疽病的动物，必须在死后立即烧掉，若不烧掉，就应该深埋在地下深处，由于深层土壤的温度低，杆菌不易能变为"顽强长寿"的芽孢。科赫给了人们一把宝剑，教会人们怎样与致命的微生物作斗争，与潜在的疾病作战。

1882年，科赫成功地分离出引致可怕的结核病的致病因素——结核杆菌，并论证了它的致病机理。1890年，他培养出结核菌素，并用来诊断和治疗结核病。1882年3月24日，在柏林的一间小房子中举行了一次生理学会会议，会上科赫宣布了他的研究结果，他告诉人们，每7个死亡者中，有1人就死于这种病菌——结核杆菌。科赫认为，它是影像人类健康的最大、最狠毒的敌人。同时，科赫还介绍了这种纤弱的微生物的隐匿之处以及它们的毒害及其弱点。

科赫的这一突出发现震动了医学界，许多医生从各地赶往柏林，向科赫学习寻找结核杆菌的方法。科赫为保护人类的健康付出了毕生的心血。为了表彰科赫的贡献，德国皇帝亲手授给他带星的皇冠勋章。1905年他因研究结核病，发现结核杆菌与结核菌素而荣获诺贝尔生理学及医学奖，但这只是他工作中的一小部分，他为人类征服结核、炭疽、霍乱、鼠疫等危害极大的传染性疾病，做出了不可磨灭的贡献，被人们誉为"瘟疫的克星。"

生命循环的光和作用

地球表面布满了各种绿色植物，他们是地球碳氧循环的支柱，是地球天然的氧气制造工厂。但是，人们对植物光合作用生命现象的认识却经历了几千年的漫长过程，也是各国科学家共同努力的结果。

一粒种子，在适宜的条件下便可萌发生长，植物的生长构筑了地球上生物链的基础，为地球上的人类和许多动物提供了维持生命的能量。那么，植物生长所需的营养物质是从哪里来的？人们在早期对这个问题并不了解，认识也十分朦胧。

2000多年前，人们受古希腊著名哲学家亚里土多德的影响，认为植物体是由"土壤汁"构成的，即植物生长发育所需的物质完全来自土壤。

18世纪早期，人们一直以为植物体内的全部营养物质，都是从土壤中获得的，并不认为植物体能够从空气中得到什么。比利时医生海尔蒙脱用实验来证明，植物是用水作为食物的。他把90千克的土壤放在花盆中，然后种上2千克重的柳树，并经常浇水，5年过去了，柳树长到76千克重，是刚栽种时的33.8倍，而花盆中的土壤只少了62.2克。根据这个实验，赫尔蒙特认为，植物是利用水来制造"食物"的。至于是怎样制造的，他并不知道。

首先想到植物的生长与空气的作用有关的，是英国的一位植物学家斯蒂芬·黑尔斯，而最先用实验方法证明绿色植物从空气中吸收养分的，是英国著名的化学家约瑟夫·普利斯特利。

1727年，斯蒂芬·黑尔斯才提出植物生长时主要以空气为营养的观点。1771年，约瑟夫·普利斯特利通过一个实验发现，将点燃的蜡烛与绿色植物一起放在一个密闭的玻璃罩内，蜡烛不容易熄灭；将小鼠与绿色植物一起放在玻璃罩内，小鼠也不容易窒息而死。他证明，植物能"净化"因燃烧或动物呼吸而变得污浊的空气，使空气变好，这就是后来人们才知道的植物在光合作用中释放出氧气的缘故。然而，他却把这种现象归因于植物缓慢的生长过程，而且并不知道植物更新了空气中的哪种成分，也没有发现光在这个过程中所起的关键作用。后来，经过许多科学家的实验，才逐渐发现光合作用的场所、条件、原料和产物。

由于约瑟夫·普利斯特利的杰出贡献，且该实验完成于1771年，因此，人们把这一年定为发现光合作用的重要纪年。

人们在初步认识光合作用后，疑问依然存在。此后，又有许多科学家通过大量科学实验研究，才进一步认识到叶绿素的作用、光的作用及光合作用的过程。

几代科学家历经200多年，才对光合作用的生理过程有了比较清楚的科学认识。可见，科学的发展道路是很艰难，这里不仅包含着科学家们的艰辛劳动与智慧，还与社会科学技术的进步与发展密切相关。

天花的天然疫苗

天花最早出现在古希腊，有文字记载的第一例天花病毒的流行时间是1350年。在天花疫苗出现以前，人类历史上曾不断出现天花疫情，这迫使人们采取各种方法与天花病毒斗争。

中国于16世纪晚期发明种痘术后，便在17世纪将完善的技术推广到全国，并且在18世纪传入英国，盛行达40年之久。

就在中国的种痘术在英国盛行的时候，预防天花的牛痘疫苗的发现者爱德华·琴纳出生了。1749年5月7日，琴纳于生于英国乡村一个牧师家庭。他从13岁开始学医，经过7年努力，到20岁时获得医学学士学位。此后，他回到家乡当了一名乡村医生，从事着自己的事业。

当时已知的唯一预防措施是接种，接种后这些人可能会患上天花，但却因此而获得了免疫能力。这个措施可以阻止人们再一次感染天花，但是也能够致人于死地。所以，琴纳想，能否用一个安全的方法去预防天花呢？他突然想起年轻时一位挤奶女工告诉他，"她们从没有感染上天花，因为她们幸运地感染上了牛痘，牛痘是奶牛感染的病毒，而且奶牛经常将这种病传染给人类。但牛痘并不是很严重的病，只是引起发烧、咳嗽以及手臂上的某些暂时的水泡"。琴纳沉思着：牛痘真的能预防天花吗？天花与牛痘之间有什么关系？

于是，琴纳对牛痘进行了科学研究。他花了几年时间，详细观察发生在乳品店里的病例，并且访问了曾经得过牛痘的病人。他想：为什么有的人在感染了牛痘之后仍然得了天花？牛痘为什么有时对天花不具有预防作用？琴纳意识到，要想使用牛痘作为战胜天花的工具，必须明白这种看似矛盾的情况。当他注视记录时，突然意识到，牛痘具有多样化的症状。有的人长小脓包，有的人腋下出现肿胀，而有的人则出现头痛、身体疼痛等症状，牛痘症状没有一个固定的性状。对于奶牛，类似的事情也发生了。有时小脓包是圆形的，有时不规则，有时连续几周，有时是几天。由此，琴纳得出结论，奶牛厂的工人所称的牛痘实际上是一个复杂的疾病，这些疾病中的一种才对天花具有免疫作用。

经过5年的耐心观察和记录分析，琴纳最后区别出这些疾病的不同形式，确定了能够预防天花的那种牛痘，把它称为"真正的牛痘"。

不过，这一结论被提出时只是一种假说，还需要检验。然而，他在检验这一假说时，遇到了新的困难。那时，在一个乡村的牛奶场"真正的牛痘"爆发了。按理说，那里的女工不会感染天花。但是，琴纳观察发现，那里的挤奶工居然感染了天花。这一点看起来动摇了他的假说。为什么"真正的牛痘"有时也不能预防天花呢？他花了多年时间研究这一问题还是没有找到答案。最终，当他研究两头处于不同疾病阶段的奶牛时，发现了问题。琴纳设计了一个实验去检验他的假说。1796年的3月，一位挤奶女工从一头奶牛那里感染了牛痘，并且这一疾病处于最坏期，这些条件对于琴纳进行实验是理想的。于是，他从挤奶工手臂上抽取了一些物质，并让这种物质有目的地感染了一名8岁小孩。当牛痘在小孩身上发生作用之后，他把天花疱疹中的透明液体粘到儿童抓破的皮肤里，为他接种了天花物质。之后，琴纳和他的家人寻找感染天花的迹象，但是没有发现天花的症状，甚至没有发现任何患病的症状，他的实验成功了。那个牛痘被引入到人体中，表明对天花具有免疫力。

为了慎重起见，琴纳准备重复这个实验。为了找到一位明显的牛痘患者，他不得不等了两年。1798年，琴纳终于又找到了一位牛痘患者，重复实验也获得了成功。琴纳这才发表了自己的研究报告，向全世界宣布，天花是可以征服的。

战胜天花只是琴纳功绩的一部分。他的更重要的功绩在于发现了预防疾病的方法。他是人类历史上最早的成功预防疾病的人。他利用人体自身可以产生免疫力这一机能，实现了对疾病的预防，从而为免疫学奠定了一定的基础。

挽救狂犬病人的疫苗

人们都怕被狗咬伤，因为一旦被狗咬伤，就可能染上可怕的狂犬病。狂犬病是一种高致命性传染病，这种病在当时几乎是无药可救。但是，著名的生物学家、生物学的创始人路易·巴斯德决心研究狂犬病的防治方法。

巴斯德出生在法国东部多尔城一座临近山区的破旧楼房里。小学时，巴斯德的成绩不是很好，但他喜欢读书，喜欢问为什么。在巴黎高等师范学院毕业后，巴斯德的才华得到了当时著名化学家巴拉尔教授的赏识，把他安排在自己的实验室工作，研究酒石酸的旋光现象。巴斯德如鱼得水，整天在实验室热情地工作。

巴斯德和助手们进行的第一步工作就是要弄清楚究竟是什么样的微生物在起作用。他们提取疯狗的唾液，稀释后给兔子注射，兔子很快死去，但并非死于狂犬病。他想，原因会不会在血液里呢？于是，他又将疯狗身上抽出的血液注入到健康狗的体内，也未使之染病。经过细心观察和研究狂犬病的发病症状，巴斯德终于发现，引起狂犬病的微生物（病毒）是经过神经系统发生作用的，它从伤口到达中枢神经系统的过程就是狂犬病的潜伏期。

巴斯德从一只疯狗的脑颅里取出一点延髓，再将一只健康的狗麻醉后锯开脑盖，把疯狗的延髓注射进去，再缝起来。狗醒来后行动正常。但过了14天，它发病了。实验证实，疯狗脑髓里也存在狂犬病病毒，从而论证了他的推断。

经过一段时间的研究，巴斯德发现，狂犬病病毒可以通过连续的猴体培养而减弱毒性，如果制成疫苗，便可用于预防狂犬病发作的治疗上。同时，他还发现，在被疯狗咬后的短期内，以减弱毒性的狂犬毒液作为疫苗进行接种，仍然具有预防效果。

接着，他又找到了一种配制疫苗的最佳方法。他把疯狗的延髓用线吊起来，放入清洁的放有干燥剂的玻璃瓶中，它的毒性便一天天减弱，到第14天，完全失去了毒性。然后，他把干缩了的延髓研碎加水稀释，以便用来注射。巴斯德在动物体内注射了这种疫苗，实验结果表明，注射过疫苗的动物获得了对狂犬病的抵抗能力。

1885年，正当巴斯德准备拿自己作人体预防试验时，一个9岁的小男孩墨斯特被带到了巴斯德面前。可怜的男孩手脚被疯狗咬得鲜血淋淋，他的母亲乞求巴斯德给予治疗。巴斯德感到有些为难，因为用疫苗给人治疗狂犬病还没有先例。在检查男孩有14处伤口后，科学家的职责使巴斯德不再犹豫，当晚就给墨斯特注射了用干燥了14天的延髓液制作的疫苗，次日注射干燥了13天的疫苗，依此类推，注射了2星期，治疗终于获得了成功。

消息很快传了出去，不仅是法国全国，世界各地的病人蜂拥而至，要求巴斯德为他们治疗。不到10个月，巴斯德的实验室就接受了1726名被疯狗或疯狼咬伤的病人，除了10人以外，其余1716人都战胜了死神，获得新生。这种治疗方法很快在全世界得到普及。

巴斯德的巨大成功使法国人民欣喜若狂，人们筹集资金建立了巴斯德研究所。直到今天，研究所还以其雄厚的科研力量和卓越的科研成果，在世界微生物学领域占据着领先地位。每天，这里都要接待数以百计的各国访问者，这也是对巴斯德这位为人类征服微生物而奋斗了一生的伟大科学家的最好纪念。

年轻搭档的DNA双螺旋模型

1953年4月25日，沃森和克里克在英国著名的《自然》杂志上发表了一篇题为《核酸的分子结构》的论文，这篇1000多字并配有图片的论文，立刻引起了世界生物学界的震惊。这篇论文提出的DNA分子的双螺旋结构模型，是20世纪生命科学最伟大的发现之一。

DNA双螺旋模型（包括中心法则），是生物学历史上唯一可与达尔文进化论相比的最重大的发现，它与自然选择一起，统一了生物学的广义概念，标志着分子遗传学的诞生。这门综合了遗传学、生物化学、生物物理和信息学，主宰了生物学所有学科研究的新生学科的诞生，是许多人共同奋斗的结果，而克里克、威尔金斯、弗兰克林和沃森，特别是沃森和克里克，就是其中最杰出的代表。

当时沃森年仅25岁，克里克也只有37岁，世人不禁感叹，如此伟大的发现居然出自这两位年轻人之手！

1947年，沃森毕业于美国芝加哥大学动物学系，由于迷上了基因，他选择了遗传学作为自己的专业，1950年获博士学位，1951年秋经导师介绍，沃森来到英国剑桥大学卡文迪什实验室深造。就在这里，沃森遇见了他的研究伙伴克里克，这时克里克正在研究蛋白质的晶体结构。克里克于1938年毕业于英国伦敦大学，主修数学和物理，因战争需要，曾从事武器研究。二战结束后，他选择生物学作为自己的研究方向，目的是把所学知识渗透到生命科学的研究中。

两位年轻人志趣相投，他们都读过薛定谔的《生命是什么?》一书，都立志要破解基因的奥秘。因此，二人一见如故，相信只要搞清DNA的分子结构就能揭开基因遗传的奥秘。沃森生物学基础扎实，训练有素；克里克则凭借物理学优势，又不受传统生物学观念束缚，常以一种全新的视角思考问题。他们二人优势互补，取长补短，是天生的一对搭档。

1951年11月，沃森和克里克开始进行DNA空间结构的研究。当时人们已知DNA由核苷酸组成，美国细菌学家艾佛里已完成细菌转化实验，初步证实DNA是遗传物质。沃森、克里克善于吸收和借鉴当时也在研究DNA分子结构的鲍林、威尔金斯和弗兰克林等人的成果，在经过不到2年时间的努力便完成了DNA分子的双螺旋结构模型。而且，克里克以其深邃的科学洞察力，坚持在他们合作的第一篇论文中加上"DNA的特定配对原则，立即使人联想到遗传物质可能有的复制机制"这句话，使他们不仅发现了DNA的分子结构，还从结构与功能的角度作出了解释。

沃森和克里克特别注意到，鲍林成功的关键不仅仅是研究X射线衍射图谱，更重要的是用一组模型来探讨分子中各原子间的联系。于是，两位年轻人用剪裁的硬纸板和金属片构建DNA分子模型。他们好像孩子玩智力游戏一样，首先制作单个核苷酸的模型，并计算原子大小、键长和键角等。就这样建了拆，拆了建，因为至少有十几种方式可以让碱基、磷酸和糖环连接在一起，所以工作令人异常乏味。幸运的是，沃森对生物结构的独到见解加上克里克的物理数学知识，使他们从X射线衍射图上测量到DNA。沃森和克里克在《核酸的分子结构》一文中坦率地写道："我们主要是依靠别人已经发表的实验数据构建这个模型的。"

1962年，46岁的克里克同沃森、威尔金斯一道荣获诺贝尔生物学或医学奖。

揭示生物发展的进化论

1809 年 2 月 12 日，达尔文出生在英国塞文河畔的一个名叫施鲁斯伯里的小镇上，父亲是当地一位有名望的医生，祖父是位博物学家。达尔文从幼年起就对自然科学有着特殊爱好，7 岁时，能搜集植物和昆虫。

1831 年，他随一艘英国皇家海军的勘探船贝格尔舰进行一次了环球航行，由此开始了对生物观察、研究的生涯。

1832 年 1 月 16 日，贝格尔舰到达佛得角群岛的主岛——圣地亚哥岛的普拉雅港，这是达尔文考察的第一站。生平第一次走进热带椰子林，达尔文被如画的景色深深吸引。他沿途收集各种资料，写科学考察日记。

1835 年 9 月中旬，贝格尔舰驶入太平洋，向南美洲的加拉帕戈斯群岛驶去。加拉帕戈斯群岛是由 7 个大岛和 23 个小岛组成的，位于太平洋赤道线上，距离南美大陆只有900 多千米，但不像南美大陆那样炎热。岛上的植物、动物非常丰富。

"我们到处看到丰富的生物种类，这是怎么一回事呢？""生物到底是怎样产生的呢？不是说上帝创造的生物不变吗？""为什么自然界的生物多种多样，变化无穷呢？难道有许多上帝同时进行创造活动吗？"

这些问题使达尔文翻来覆去地思考，他渐渐意识到，自然界的事实与神学教义似乎是不可调和的。经过观察和艰苦的探索，达尔文终于发现加拉帕戈斯群岛的动植物在外界环境长期影响下发生了变异。

贝格尔舰的环球考察历时 5 年，于 1836 年 10 月结束。经过 5 年的考察，达尔文已经初步建立了生物进化论的思想。这次伟大的经历，决定性地影响了达尔文的一生。

回国之后，达尔文的脑海始终被一个问题占据着，那就是生物为什么会发生变化呢？他开始搜集有关动物、植物在家养条件与自然条件下发生差异的一切事实，仔细观察、研究了多种动植物。经过反复思考，达尔文终于总结出一套理论：人们是在用人工选择的方法培养新种的家养动物和植物。在改变生活条件的环境下，生物具有变异的特性，会出现个体差异。人们把那些符合人类利益的变异类型挑选出来，让它们传宗接代。由于生物具有遗传的特性，这些个体变异就能够传递下去，新的物种就形成了。

达尔文又反复思考，人工选择的原理能够适用于生活在自然条件下的生物吗？他想起在大西洋马德本岛上的昆虫，它们中大多数的翅退化，不会飞，而少数昆虫的翅又特别发达。为什么同一岛上的昆虫有这么大的差异呢？这说明，是环境改变了生物的生存习性和进化方式。自然界同样存在类似人工选择的过程。可这个过程是怎样表现出来的呢？

达尔文认为，生物在生存斗争中，能够适应环境的物种就生存下来，不断发展，不适应环境的物种就被淘汰。据此，他总结了"生物适者生存，不适者被淘汰"的自然法则。

1856 年 5 月 1 日，达尔文开始系统地写作生物进化的著作——《物种起源》。一年以后，达尔文的名著《物种起源》出版，标志着进化论的诞生。

治疗结核病的一万次实验

60 多年前，肺结核疾病与今天的癌症一样令人生畏。结核病是一种古老的疾病。人们从埃及的木乃伊中、从中国马王堆西汉女尸的肺部中，找到了这一危害人类健康的疾病的踪迹。

历史上，结核病曾是一种极为可怕的疾病。18 世纪晚期，英国伦敦每 10 万人中就有 700 人死于这种病；19 世纪中期，欧洲 1/4 的人口死于结核病；许多著名文学家、艺术家都被它过早地夺走了生命。

那么，是谁战胜结核病的呢？是塞尔曼·亚伯拉罕·瓦克斯曼，一位微生物学家和生物化学家。

1888年，瓦克斯曼出生在俄国，从小与土壤结下了不解之缘。22岁那年，他随家人移居美国，并进入大学攻读农学专业，大学毕业后，继续从事土壤微生物教学和研究工作。

1924年，瓦克斯曼所在的研究所接受了美国结核病协会委托的一项研究课题：寻找进入土壤中的结核菌。经过3年的研究，瓦克斯曼确认进入土壤中的结核菌，最终在土壤中全部被消灭，一株也不存在。那么是什么东西消灭了结核菌呢？

一系列的实验表明，是土壤中那些无毒性而又具有强大杀菌能力的微生物所为。可是，微生物是一个微观的"王国"，在这个世界里，有许多家族，每个家族中又有成千上万个子子孙孙。要在这个拥有10万种以上的"公民"王国里，寻找杀死结核菌的微生物，简直就是大海捞针。

这确实是一项十分繁复而又非常细致的工作，研究人员必须细致地、一丝不苟地先将它们一一分离出来，再按要求在不同的培养基里进行纯粹培养，当获得分泌物以后，又必须在病原菌或其他细菌中进行杀菌效能检验。

从1939年开始，先是100种、200种、500种。1年后，经过实验的细菌已经超过2000多种。1941年，实验过的细菌达到5000种，但是还不符合治疗要求。1942年，达到7000种、8000种。在这期间，瓦克斯曼又发现一种链丝菌素，这是一种丝状微生物，能够将一些细菌（包括结核杆菌）杀死，但是毒性过大，因而在进行动物实验时，被实验的动物相继死去，仍然无法应用临床治疗。1943年，瓦克斯曼和他的助手们经过实验的细菌已达到1万多种。就在这一年，他们分离出一种完全符合要求的灰色放线菌（后来命名为灰色链霉菌），并发现它可以对结核杆菌产生抑制作用。经过提炼研制成新的抗生素，顺利通过了对动物的实验。长期观察后，瓦克斯曼确认这种新药物具有治疗结核病的特效，并对动物无害。几个月后，开始对人体进行临床试验，证实了它的医疗价值。于是，又扩大实验范围，证明对治疗结核性脑膜炎也有特效。

就这样，瓦克斯曼和他的助手阿尔伯特·舒茨以及伊丽莎白·布姬，于1944年1月正式宣布这个新的抗生素——链霉素诞生了。

1952年12月，瓦克斯曼在瑞典首都斯德哥尔摩接受了瑞典皇家卡罗林外科医学研究院颁发的最高国际荣誉奖——诺贝尔生理学和医学奖。

大脑区域分工现象

人类的大脑是在长期进化过程中发展起来的思维和意识的器官，是中枢神经系统的最高级部分，主要包括左、右大脑半球，由约140亿个细胞构成，重约1400克。大脑皮层厚度约为2—3毫米，总面积约为2200平方厘米。

那么，大脑是怎样协调人的生命运转的呢？大脑的左右半球是怎样分工的呢？1981年，获诺贝尔生理学和医学奖的美国科学家，斯佩里博士通过多年的实验研究，发现了大脑两半球的区域分工的现象，为人们了解人脑更高级的运动提供了全新的概念。

罗杰·斯佩里，美国心理生物学家，1913年生于哈特福德。1941年获芝加哥大学哲学博士学位，1954年任加利福尼亚理工学院心理生物学教授。

斯佩里博士做过一个有名的实验。他切断患者位于左右脑连接部的脑梁，然后挡住其左视线，在其右视线放上画或图形给患者看，患者可以使用语言说明图形或画上的东西是什么。可是，如果在左视线显示数字、文字、实物，哪怕是简单的单词，患者也不能用语言说出它们的名称。

通过实验，人的两脑分工情景越来越清楚了。左脑有理解语言的语言中枢，而右脑有与之对应的接受音乐的音乐中枢。这一点，从左、右脑的外形差别便一目了然。同时，语言中枢的左脑与人的意识相连。如果打击左脑，人的意识会立即变得模糊。右脑支配左手、左脚、左耳等人体左半身的神经和感觉，而左脑支配右半身的神经和感觉。正如实验所表明的，右视线同左脑，左视线同右脑相连。因为语言中枢在左脑，所以左脑主要完成语言的、逻辑的、分析的、代数的思考认识和行为，而右脑则主要负责直观的、综合的、几何的、绘图的思考认识和行为。

以前的观点认为，最善于用脑的人，一生中也仅使用掉脑能力的

10%，但现代科学证明这种观点是错误的，人类对自己的大脑使用率是100%，大脑中并没有闲置的细胞。人脑中的主要成分是水，占80%。它虽只占人体体重的2%，但耗氧量达全身耗氧量的25%，血流量占心脏输出血量的15%，一天内流经大脑的血液为2000升。大脑消耗的能量若用电功率表示，大约相当于25瓦。

如果在日常工作和生活中，有人对某件困惑已久的事情突然有所感悟，或者突然豁然开朗，这就是右脑潜能发挥作用的结果。

人脑的大部分记忆，是将情景以模糊的图像存入右脑，就如同录像带的工作原理一样。信息是以某种图画、形象，像电影胶片似地记入右脑的。所谓思考，就是左脑一边观察右脑所描绘的图像，一边把图像符号化、语言化的过程。所以，左脑具有根强的工具性质，它负责把右脑的形象思维转换成语言。

被人们称为天才的爱因斯坦曾经说过："我思考问题时，不是用语言进行思考，而是用活动的跳跃的形象进行思考。当这种思考完成以后，我要花很大力气把他们转换成语言。"可见，我们在进行思考的时候，首先需要右脑通过非语言化的、"信息录音带"式的记忆存贮，描绘出具体的形象。

令人遗憾的是，在现实生活中，95%以上的人仅仅使用自己一半的大脑，即左脑。这是由于两方面的原因造成的：一是人体的自然生理属性，二是死记硬背的学习方法加重了左脑负担。

我们认识了大脑的两个半球的区域分工功能，那就要有意识地协调两半球区域，最大限度地全面开发大脑的功能。

构成生命的细胞

世界上有着许多数不尽的动植物，这些鲜活的生命个体都是由细胞组成的。可在300百多年前，人们是不知道动植物是细胞组成的，因为它太小了。那么细胞是谁先发现的呢？这也是一个出乎意料的意外，第一个看到细胞的人，并不是一位生理学家，而是一位伟大的物理学家，他就是英国人罗伯特·胡克。

胡克，17世纪英国最杰出的科学家之一。他在力学、光学、天文学等诸多方面都有所成就。他所设计和发明的科学仪器在当时是最精密的，被誉为英国皇家学会的"双眼和双手"。

1635年7月18日，胡克出生于英格兰南部威特岛的弗雷施瓦特，他从小喜欢动手做机械方面的玩具。1653年，胡克进入牛津大学里奥尔学院学习，此时的胡克已显露出独特的实验才能。1655年，胡克被推荐给玻意耳当助手，从事实验室工作。他在观察软木塞的切片时，看到软木中含有一个个小室，感到很惊讶，便把这小室命名为细胞。其实，这些小室并不是活的结构，而是细胞壁所构成的空隙，但细胞这个名词就此被生物界沿用下来。

同年，胡克的《显微图集》出版，这是他最重要的一部著作，也是17世纪欧洲最主要的科学文献之一。书中介绍了他观察到软木塞等物品的结缔组织，并使用"细孔"和"细胞"来说明。胡克的这一发现，引起了人们对细胞学的研究。

1677年，胡克用自己制造的简易显微镜观察到动物的"精虫"，成为第一个看到动物的细胞的人。

对于细胞研究起了巨大推动作用的是德国生物学家施莱登和施旺。1838年，施莱登描述了细胞是在一种粘液状的母质中，经过结晶一样的过程产生的，并且把植物看做细胞的共同体。此后，他发表了《植物发生论》。在施莱登的启发下，1839年，德国的生理学家施万发表了《关于动植物的结构与生长的一致性的显微研究》。他坚信，动植物都是由细胞构成的，并指出二者在结构和生长中的一致性。由此，一门新兴的学科——细胞学诞生了。

从19世纪中期到20世纪初，关于细胞结构尤其是细胞核的研究，有了长足的进展，逐步地揭开了生物的秘密。

20世纪40年代后，电子显微镜得到广泛使用，标本的包埋、切片技术逐渐完善，并逐渐产生了生化细胞学。

现在，人们对细胞的了解更清楚了：细胞是由膜包围着含有细胞核(或拟核)的原生质所组成，是生物体的结构和功能的基本单位，也是生命活动的基本单位。细胞能够通过分裂而增殖，是生物体个体发育和系统发育的基础。细胞或是作为独立的生命单位，或是多个细胞组成细胞群体、组织、器官，进而各部分相互作用、相互配合，具有一定的结构及功能，形成系统和个体（动物，主要为人体），细胞还能够进行分裂和繁殖。细胞是遗传的基本单位，并具有遗传的全能性（但在基因的表达上，具有选择性）。人们已经知道，人体的细胞总数大约是60万亿个，每个细胞中含有的分子数相当于银河系中星星数量的1万倍那么多！

仙丹妙药阿司匹林

世界上最畅销的药，当属阿司匹林了。这种药自诞生100多年来畅销不衰，成为世界三大经典药品之一。1年里，全世界就可销售50000吨以上，并且科学家们一直到现在还在不断地研究它的作用，以开发这种药物的新疗效。

英国一位著名的科学家说："当你头痛时服一片阿司匹林，请不要忘记爱德华·斯通，这位英国牧师的柳树皮试验缔造了现代的阿司匹林。"水杨酸是阿司匹林的前体，是柳树皮的一种成分。相传早在远古时代，我们的先祖就已知道咀嚼柳树叶有解热镇痛的功效。2000多年前，古希腊著名医学家希波克拉底也常将柳树根或叶浸泡或煮出液体，用于解除妇女分娩时的痛苦，以及治疗产后热，但当时人们都不知道柳树根叶中含有能止痛的化学物质——水杨酸。

《埃伯斯医药典》也笼统地记载了柳树的药效作用以及对孕妇的风湿治疗的特殊疗效。

1753年，英格兰牧师E·斯通尝试用极苦的一种柳树皮来治疗疟疾热，首先发现柳树皮有很强的收敛作用，可以治疗疟疾和发烧。但是，人们一直无法知道柳树皮里究竟含有什么物质。后来发现，这是柳树皮中所含的大量水杨酸糖苷在起作用，于是经过许多药物学家和化学家的努力，便有了阿斯匹林药物的问世。

爱德华·斯通有关用柳树皮成功治疗疟疾的论文发表于1763年，该论文被公认是水杨酸药物研究的发端。斯通的论文记录了他的发现，他对自己和教区的50位成员使用柳树皮研成的粉末，缓解了发热和风湿痛的症状。接下来的记录里，他对药物剂量作了说明，这种粉末不能溶于通常的溶剂，因此他推荐用啤酒或类似的溶剂溶解它们。

柳树皮中的活性物质后来被人们提炼出来单独销售，这就是阿司匹林。早在1853年夏尔，弗雷德里克·热拉尔就用水杨酸与醋酐合成了乙酰水杨酸，但没能引起人们的重视。1859年，马尔堡大学的德国化学家H·科尔贝发现了一种合成水杨酸的方法，该方法只需在高压下将苯酚和二氧化碳接触即可。这个反应在有机化学书里被称作科尔贝反应。他的一个学生F·冯·希顿因此创立了一个以盈利为目的公司，并取得了可观的经济效益。1869年，德国化学家K·克劳特也通过相似的方法合成了阿司匹林。1898年，德国化学家菲霍夫曼又进行了合成，并为他父亲治疗风湿关节炎，疗效极好。

为了找到一个对胃没有刺激的镇痛药，霍夫曼在实验室里尝试了许多和水杨酸相似的化合物，终于在1897年10月10日，利用改进的合成路线合成了纯度更高的阿司匹林。霍夫曼给他父亲服用了一些他自己做的阿司匹林，发现他的产品可以很好地发挥抗炎镇痛作用，却并没有产生严重的肠胃副作用。进一步的研究证实了阿司匹林的这一优越特性。

1899年，这种药物由德莱塞介绍到临床，并取名为阿司匹林。到目前为止，阿司匹林已应用百余年，成为医药史上三大经典药物之一，至今它仍是世界上应用最广泛的解热、镇痛抗炎药。

致癌基因的转化过程

癌症也是威胁人类健康的大敌，直至20世纪80年代，人们对癌症的研究还没有实质性的突破。但是，美国微生物学家毕晓普发现了致癌基因的转化过程，在人类攻克癌症的道路上迈出了坚实的一步。毕晓普因与瓦尔默斯一起发现癌基因，阐明癌症起源的机理，而荣获1989年诺贝尔生理学和医学奖。

迈克尔·毕晓普出生于美国宾夕法尼亚州的乡间。他在一所只有2间教室的小学里受了8年教育。他上的中学也很小，同他一起毕业的只有8名学生。由于同一位家庭医生的友好相处，他对医学和人类生物学产生了兴趣。他就读于葛底斯堡学院，为攻读医学作准备。毕业后，他进入哈佛大学医学院。

在哈佛大学医学院的前两年，毕晓普通过课余的阅读和思考有了新的爱好——分子生物学。于是，他在医学院的第3年选学了动物病毒学课程。通过这门课程，他知道，借助分子生物学技术研究动物病毒的时机已经到来。医学院毕业后，他到国立卫生研究院（NIH）接受博士后训练，研究脊髓灰质炎病毒的复制。

1970年，瓦尔默斯也来到毕晓普的实验室接受博士后训练。他们的关系很快发展成为亲密的合作研究伙伴，成为了公认的一对"黄金搭档"，并开始癌基因的研究工作，结果必定是"1+1>2"，他们共同创造出了辉煌的成就。

起初，他们验证这样一个假说：正常体细胞里也有一些静止的病毒癌基因，一旦被激活，它们可以致癌。

癌基因的发现可以追溯到20世纪初。1910年，美国病理学家劳斯将鸡肉瘤组织的无细胞滤液注射到健康鸡的体内，结果诱发了健康鸡长出肉瘤，从而认识到一种现在被称为劳斯肉瘤病毒的RNA急性致癌病毒。然而，这一发现在肿瘤研究中长期遭到漠视。

他们用可以在鸡中致癌的劳斯肉瘤病毒作为实验材料，并发现，在健康细胞中也存在一个基因，其结构同病毒中的致癌基因相似。1976年，他们发表了他们这一发现，声称病毒是由正常细胞得到这个致癌基因，病毒感染细胞并开始复制时，它把这个基因整合到自身的遗传材料中去。以后的研究还表明，这样的基因可通过几种方式致癌，甚至没有病毒的参与，这种基因也可被某些化学致癌物转化，成为造成细胞不受限制地增生的形式。因为毕晓普和瓦慕斯发现的机制似乎为一切癌瘤的发生所共有，所以他们的工作对于癌瘤研究贡献极大。

至1989年，科学家已在动物中鉴定出40个以上的具有致癌潜能的基因，从而他们也否定了以前的癌基因源自病毒的看法。毕晓普因与瓦尔默斯一起阐明癌症起源的机理，说明位于细胞核内的原癌基因在正常情况下是不活跃的，不会导致癌症，当受到物理、化学、病毒等因素的刺激后被激活，成为致癌基因，即原癌基因被激活后转化为致癌基因的复制过程。同时，他们发现，动物的致癌基不是来自病毒，而是来自动物体内正常细胞内所存在的一种基因——原癌基因，即逆转录病毒癌基因的起源。

任何成功都不是轻易获得的，成功的机会是给那些有准备的人的！

世纪的瘟疫杀手

20世纪80年代，人们称艾滋病是"超级癌症"、世纪瘟疫。

1981年，美国首次发现和确认艾滋病为"获得性免疫缺陷综合症"，英语缩写AIDS。这种病是因人感染了"人类免疫缺陷病毒"所导致的传染病。

人类天生具有免疫功能，当细菌、病毒等侵入人体时，在免疫功能正常状态下，免疫系统会对外来的细菌、病毒发起攻击，以保护身体健康。然而，艾滋病病毒HIV是一种能攻击人体免疫系统的病毒，它把人体免疫系统中最重要的T4淋巴细胞作为攻击目标，大量破坏T4淋巴细胞，破坏人的免疫系统，使人体丧失抵抗各种疾病的能力。

HIV病毒本身并不会引发任何疾病，而是当免疫系统被HIV破坏后，人体由于失去抵抗能力而感染其他的疾病才导致各种复合感染而死亡。

对这种疾病的来历有各种传言，有人说是纳粹德国在二次世界大战时，人工研究出来的一种病毒；也有人说是日本人研究出来的；还有人说是上帝为了惩罚人类的性乱而使之降临的，但这些说法是没有任何根据的。事实上，人类了解艾滋病发展的历史，其实是非常必要的，这有助于人类预防并攻克爱滋病。

由美国、欧洲和喀麦隆科学家组成的一个国际研究小组认为，他们通过野外调查和基因分析证实，人类艾滋病病毒HIV-1起源于野生黑猩猩，病毒很可能是从猿类免疫缺陷病毒SIV进化而来的。

艾滋病严重地威胁着人类的生存，已引起世界卫生组织及各国政府的高度重视。艾滋病在世界范围内的传播越来越迅猛，严重威胁着人类的健康和社会的发展，已成为威胁人们健康的第四大杀手。到2005年底，全球共有3860万名艾滋病病毒感染者，当年新增艾滋病病毒感染者410万人，另有280万人死于艾滋病。

2006年11月，联合国艾滋病规划署和世界卫生组织（WHO）在日内瓦共同发布2006年艾滋病全球流行的最新情况。该报告显示，全球艾滋病流行仍呈增长态势。

艾滋病毒是如何在人群内以惊人的速度传播，目前人们还没有明确的回答。由于经济的不断发展、交通运输的发达造成人口流动性大幅度地增加、生活习惯的改变，这些无疑在艾滋病的流行中起着作用。

虽然全世界众多医学研究人员付出了巨大的努力，但至今尚未研制出彻底治愈艾滋病的特效药物，也没有可用于预防的有效疫苗。不过，专家们呼吁，只要我们了解艾滋病，注意切断传染源，艾滋病是可以预防的，不必谈"艾"色变。

抑制尿糖的胰岛素

在人类的疾病中有这样一种病，患者不管喝多少水，仍会觉得口干舌燥，而且排尿量也剧增；不论吃多少食物，体重都不会增加，反而会急剧下降，消瘦乏力，直至死亡。

我国古代的医生曾经大胆地尝过这类病人的尿液，发现尿中有淡淡的甜味，这说明尿中含糖，从而解释了为什么这类病人的尿液会招引小虫子，因此在人类历史上这种病最早被定名为糖尿病。现在，人们对糖尿病不像以前那样忧心忡忡了，这一切都应该归功于加拿大的2位年轻人——班廷和白斯特，因为是他们发现了胰岛素，从而拯救了众多糖尿病人的生命。

1921年8月的一天下午，从加拿大的多伦多医学院一个偏僻的角落里突然传来几声欢呼，之后又立即恢复了宁静。原来，在医学院的生理实验室里，两个年轻人——班廷和白斯特刚刚完成了生理学史上一项划时代的重大发现，他们通过不懈的努力，终于可以用提取的胰岛素来治愈困扰人类多年的糖尿病了！这是许多著名科学家的梦想。

班廷是加拿大安大略省西医学院的青年教师。一天，他偶然在一篇论文中读到，如果阻塞胰脏通向十二指肠的导管，就有可能引起胰脏萎缩。一个想法立即在班廷的脑海里产生了：结扎狗的胰导管，等狗的胰脏外分泌组织（即腺泡）萎缩，只剩下内分泌组织（即胰岛）以后，再试图分离出胰岛素以治疗糖尿病。这个新的设想让他十分兴奋。

1921年5月中旬，班廷的实验开始了。可是在短短的2周之内，10条狗中就有7条狗在切除胰脏和结扎胰导管的手术中死亡。往后的实验进展也不顺利，重新买进的十多条实验狗因感染及手术创伤等原因又死了7条。实验的进展很不理想，班廷的资金也快用完了，但这些都没能动摇班廷的信心，他和白斯特互相鼓励，决心从头开始。经过不懈的努力，实验有了重大的进展。

他们在10条因手术而患上糖尿病的狗身上，共注射了75次以上的胰岛素提取液，获得了降低血糖和尿糖的含量及延长病狗寿命的效果，其中有一条狗竟活了70天。这些都证明了胰岛素提取液的实验虽然取得了初步的成功，可他们还面临着一个重要的问题：提取液的制备手续太复杂，而且还很不纯净，胰岛素的含量太少，无法应用于临床。很快，他们就发现酸化酒精能够抑制胰蛋白酶的活性，可以用来直接提取正常胰脏的胰岛素，保证胰岛素的足量供应。

此时，麦克劳德教授不仅本人直接参与班廷的实验，还动员他的助手以及生化学家考立普参加到这项令人兴奋的工作中来，考立普对于胰岛素提取液的纯化做出了重大的贡献。几个月后，他们首先对一个患有严重糖尿病的儿童进行治疗，获得了成功，而后又对几个成年患者加以治疗，也取得了很好的效果。这些都毫无疑问地证实了胰岛素对糖尿病的治疗作用。

全世界很快知道了29岁的班廷和他所创造的奇迹，各地的糖尿病患者纷纷要求能得到治疗，这使得班廷和他的合作者们很快就研制出在酸性和冷冻（冷冻也可使胰蛋白酶失去活性）的条件下，用酒精直接从动物（主要是牛）胰腺里提取胰岛素的方法，并在美国的伊来·礼里制药公司进行大规模的生产。

1923年，诺贝尔奖金委员会决定授予班廷和麦克劳德生理学和医学奖，以表彰他们对人类战胜疾病所做出的巨大贡献。白斯特后来也成为一名著名的生理学家。至今，班廷和他的合作者们发现的胰岛素仍是治疗糖尿病的主要药物。